Heinrich Zenker

Tausend Staaroperationen

Bericht aus der augenärztlichen Praxis Sr. Kgl. Hoheit Des Herrn Herzogs. Dr. Carl in Bayern

Heinrich Zenker

Tausend Staaroperationen
Bericht aus der augenärztlichen Praxis Sr. Kgl. Hoheit Des Herrn Herzogs. Dr. Carl in Bayern

ISBN/EAN: 9783743670327

Hergestellt in Europa, USA, Kanada, Australien, Japan

Cover: Foto ©berggeist007 / pixelio.de

Weitere Bücher finden Sie auf **www.hansebooks.com**

TAUSEND STAAROPERATIONEN.

BERICHT

AUS DER AUGENÄRZTLICHEN PRAXIS
SR. KGL. HOHEIT DES HERRN HERZOGS DR. CARL IN BAYERN.

TAUSEND STAAROPERATIONEN.

BERICHT

AUS DER AUGENÄRZTLICHEN PRAXIS
SR. KGL. HOHEIT DES HERRN HERZOGS DR. CARL IN BAYERN.

VON

Dr. HEINRICH ZENKER,
ASSISTENZ-ARZT SR. KGL. HOHEIT DES HERRN HERZOGS DR. CARL IN BAYERN.

WIESBADEN.
VERLAG VON J. F. BERGMANN.
1895.

Druck der Kgl. Universitätsdruckerei von H. Stürtz in Würzburg.

SEINEM THEUREN VATER

PROF. DR. FRIEDRICH ALBERT VON ZENKER

ZU

SEINEM SIEBZIGSTEN GEBURTSTAG

IN

KINDLICHER LIEBE UND DANKBARKEIT

DER VERFASSER.

Vorwort.

Die vorliegende Arbeit entstand auf Anregung meines hohen Chefs, Sr. Kgl. Hoheit des Herrn Herzogs Dr. Carl in Bayern, welcher den lebhaften Wunsch hegte, wieder einmal weiteren Kreisen der Fachgenossen Gelegenheit zum Einblick in Seine augenärztliche Thätigkeit zu geben.

In dieser nehmen die Staaroperationen einen ganz besonders hervorragenden Platz ein.

Aus den letzten Jahren existiren über dieselben in Bezug auf Heilverlauf, primäre und endliche Sehschärfe, sowie über die weiteren Schicksale der operirten Augen sehr genaue Aufzeichnungen; wo diese im Stich liessen, war es möglich sie aus der Erinnerung zu ergänzen, da die Beobachtungen in diesem, dem zweiten Tausend ganz aus einer Hand stammen, wodurch auch grössere Einheitlichkeit erzielt wurde.

Es war mein Bestreben zu zeigen, von welch' ernstem Eifer die Thätigkeit des hohen Arztes durchdrungen ist, mit welch' minutiöser Peinlichkeit, ohne der Technik ihr Recht zu nehmen, bei den Operationen in Aseptik und Antiseptik gearbeitet wird, für deren exacte Durchführung namentlich

Ihrer Königlichen Hoheit der Frau Herzogin, Seiner hohen Gemahlin, welche allen Assistirenden am Operationstische durch Ihr Beispiel als Vorbild dient, aufrichtiger Dank gebührt.

Wenn die Erfolge manchmal hinter den gehegten Hoffnungen zurückblieben, so muss der Gedanke Trost geben, dass wohl keinem vielbeschäftigten Operateur trübe Erfahrungen ganz erspart bleiben. Das Menschenmögliche, die Verlustziffer herabzudrücken, das wird jeder Leser der Schrift einsehen, geschieht.

München im März 1895.

Dr. Heinrich Zenker.

Inhaltsverzeichniss.

                                                                         Seite

Einleitung 1
    Mängel der sog. einfachen Methode S. 1. — Vorzüge derselben S. 4. — Vorzüge der combinirten Methode S. 5. — Indikationsstellung zur Extraction S. 6. — Das Operiren beider Augen in einer Sitzung S. 8.

Vorbereitungen 9
    Allgemeine Vorbereitungen — Durchspritzen des Thränennasenkanals S. 9. — Massnahmen bei Dakryocystoblennorrhoe, chron. Conjunctivitis und Ectropium S. 10. — Schulung der Patienten S. 10. — Cocain oder Narkose? S. 11. — Vorbereitung der Tropfwässer S. 11. — Zeit der Operation S. 12. — Letzte Vorbereitungen — Cocainisirung S. 13. — Ort der Vornahme der Extractionen S. 14. — Desinfection der Instrumente und Hände S. 14.

Technik der Operation 16
    Schnittführung S. 16. — Iridectomie S. 17. — Behandlung der Kapsel S. 18. — Entbindung und Toilette S. 19. — Verband S. 20. — Nachbehandlung S. 21.

Erstes Hundert 25
    Tabellen S. 26. — Besprechung der Resultate: Gute Erfolge S. 32. — Mässige Erfolge: Acute genuine Iridocyclitis S. 32. — Acute Iridocyclitis nach Extraction eines Schichtstaares — Chron. Cyclitis durch Kapseleinheilung nach Wundsprengung S. 33. — Verlust durch Panophthalmie S. 34. — Durch Cauterisation geheilte Wundeiterungen S. 34. — Leichtere Störungen der Heilung S. 35. — Operationszufälle S. 36.

Zweites Hundert 39
    Tabellen S. 40. — Besprechung der Resultate: Gute Erfolge S. 46. — Mässige Erfolge: Chron. Cyclitis nach Wundsprengung und Kapseleinheilung S. 46. — Wundinfection, Heilung durch Cauterisation, Schleichende Cyclitis, Phthisis bulbi ant. S. 47. — Panophthalmie S. 48. — Chron. Cyclitis nach durch Delirien verlangsamten Wund-

X Inhaltsverzeichniss.

Seite.

schluss S. 48. — Leichtere Störungen der Heilung — Operationszufälle S. 49. — Iridodialyse bei Gebrauch der Kapselpincette S. 50.

Drittes Hundert 51
Tabellen S. 52. — Besprechung der Resultate: Gute Erfolge S. 58.
— Extraction bei bestehender Dakryocystitis — Glaukom nach Kapseleinheilung: durch Discission beseitigt S. 58. — Extraction einer nach Netzhautablösung aufgetretenen Cataract: Guter Seherfolg S. 59. — Mässige Erfolge: Glaskörpertrübungen nach Glaskörpervorfall — Irisprolaps S. 59. — Acute genuine plastische Cyclitis — Acute Cyclitis nach Wundsprengung S. 60. — Ueber frühzeitiges Extrahiren nach präp. Iridectomie S. 60. — Directe Massage der Linse S. 61. — Spätverlust eines glatt geheilten Auges durch Secundärglaukom nach Influenza S. 61. — Leichtere Störungen der Heilung — Operationszufälle S. 62.

Viertes Hundert 63
Tabellen S. 64. — Besprechung der Resultate: Gute Erfolge S. 70. — Mässige Erfolge: Verziehung der Pupille nach Glaskörpervorfall — Acute genuine Iritis S. 70. — Verlust durch acute Iridocyclitis S. 71. — Operationszufälle mit gutem Ausgang: Kern einer Cat. Morgagni bleibt zurück — Messer wird verkehrt eingeführt S. 71. — Schwerer Glaskörperprolaps S. 72. — Schwere Extraction mit Critschett S. 73. — Leichtere Störungen der Heilung S. 73. — Aetzungserscheinungen an operirten Augen S. 73.

Fünftes Hundert 77
Tabellen S. 78. — Besprechung der Resultate: Gute Erfolge S. 84. — Mässige Erfolge: Verlangsamter Wundschluss, complicirter Nachstaar — Bleibende Hornhauttrübung S. 85. — Nachträgliche Verschlechterung eines guten Erfolges durch Glaskörpertrübungen — Glaskörpertrübungen nach Discission S. 85. — Hornhautvereiterung S. 85. — Verlust durch infectiöse Iridocyclitis S. 86. — Leichtere Störungen der Heilung S. 86. — Operationszufälle S. 87.

Sechstes Hundert 89
Tabellen S. 90. — Besprechung der Resultate: Gute Erfolge S. 96. — Mässige Erfolge: Chron. Cyclitis — Glaskörpervorfall, Irisprolaps S. 96. — Panophthalmie: Infection durch die Lider S. 97. — Verlust durch Cyclitis nach 5 maliger Wundsprengung S. 97. — Leichtere Störungen der Heilung — 2 Extractionen ohne Iridectomie — Operationszufälle S. 99.

Siebentes Hundert 101
Tabellen S. 102. — Besprechung der Resultate: Gute Erfolge S. 108. — Glaskörpertrübungen nach Discission S. 108. — Iridocyclitis nach complicirtem Operationsverlauf S. 108. — Acute genuine Iridocyclitis S. 109. — Stark verlangsamter Wundschluss: complicirter Nachstaar — Panophthalmie an einem Auge mit cystoider

Inhaltsverzeichniss. XI

Narbe S. 109. — Leichtere Störungen der Heilung: Wundsprengungen — Irisvorfälle S. 111. — Operationszufälle S. 111.

Achtes Hundert 113
    Tabellen S. 114. — Besprechung der Resultate: Gute Erfolge S. 120. — Mässige Erfolge: Glaskörpertrübungen nach Glaskörperprolaps — Chron. Cyclitis in Folge quellender Corticalreste nach Glaskörpervorfall — Chron. Cyclitis nach Extraction mit Critschett S. 120. — Partielle Wundinfection: Geheilt durch antiseptische Behandlung S. 121. — Chron. Cyclitis in Folge quellender und schrumpfender Staarreste S. 121. — Verlust durch Vorfall der Chorioidea — Verlust durch fortdauernden Ausfluss verflüssigten Glaskörpers S. 122. — Spätwundinfection: Panophthalmie S. 123. — Panophthalmie nach Discission S. 123. — Durch Cauterisation geheilte Wundinfection S. 124. — Spontanausstossung eines Fremdkörpers aus der vorderen Kammer S. 125. — Leichtere Störungen der Heilung — Operationszufälle S. 127.

Neuntes Hundert 129
    Tabellen S. 130. — Besprechung der Resultate: Gute Erfolge S. 136. — Mässige Erfolge: Glaskörpertrübungen nach Corpusprolaps — Chron. Cyclitis in Folge quellender Corticalreste S. 136. — Verlust durch chron. Cyclitis und Secundärglaukom — Verlust durch Panophthalmie S. 137. — Acute genuine Iridocyclitis: Guter Ausgang — Glaukomatöse Drucksteigerung: bei Iriseinheilung — bei Kapselanheilung S. 138. — Leichtere Störungen der Heilung — Operationszufälle S. 138. — Extraction bei Buphthalmus S. 139.

Zehntes Hundert 141
    Tabellen S. 142. — Besprechung der Resultate: Gute Erfolge S. 148. — Mässige Erfolge: Chron. Cyclitis nach leichtem Glaskörpervorfall S. 148. — Schwerer Glaskörperprolaps S. 149. — Wundinfectionen: Panophthalmie S. 149. — Glaukom nach Kapselanheilung: Heilung durch Sklerotomie S. 149. — Extraction einer in die vordere Kammer luxirten Cataract S. 150. — Leichtere Störungen der Heilung S. 150. — Tobsuchtsanfall nach Extraction — Operationszufälle S. 151.

Gesammtüberblick 152
    Procentverhältniss von Erfolgen und Misserfolgen S. 155.

Nachoperationen 156

Die vorliegende Statistik berichtet über 1000 Staaroperationen, welche in einem Zeitraume von nicht ganz 4 Jahren, vom 3. Juli 1889 bis 8. April 1893 von Sr. Kgl. Hoheit dem Herzog Dr. Carl in Bayern in München, Meran und Tegernsee ausgeführt wurden.

Es ist in den letzten Jahren von so vielen Seiten für die Extraction ohne Iridectomie, die sog. einfache Extraction in's Feld gezogen worden, dass es wohl berechtigt erscheinen dürfte, einem Operateur das Wort zu gönnen, der, unbeirrt von der Zeitströmung trotz mannigfacher Anfechtungen von innen und aussen, dem alten bewährten Verfahren, das den guten Ruf der Staaroperation eigentlich erst begründet hat, treu geblieben ist. Unter den 1000 Operirten finden sich nur 4, welche ohne Iridectomie operirt wurden. Die einfache Methode giebt ja unter Umständen berückend schöne Resultate, die wohl geeignet sind, einen Operateur in Versuchung zu führen. Wenn sie trotzdem und bei allem Eifer ihrer Anhänger sich keine allgemeine Anerkennung erworben hat und wohl auch nie erwerben wird, so müssen wichtige Momente gegen ihre Verallgemeinerung sprechen und dies ist in der That der Fall.

Trotz dem Eserin und einer geradezu peinlichen Ueberwachung, wie sie bei einem grossen operativen Material gar nicht durchzuführen ist, ist es bisher nicht gelungen, das Gespenst des Irisprolapses, das drohend hinter jedem ohne Iridectomie Operirten steht, vollkommen zu bannen. Wundsprengungen in den ersten 8 Tagen, ja auch noch in späterer Zeit können dazu führen und während sie spurlos oder fast spurlos an einem mit Iridectomie Operirten vorübergehen, jedenfalls das Endresultat fast nie beeinträchtigen, führen sie hier zu höchst unangenehmen Complicationen, zwingen uns zu einem sofortigen weiteren Eingriff an dem ohnehin durch Operation und Wundsprengung gereizten und geschädigten Auge. Wenn auch in den meisten Fällen nach glücklich beendeter Heilung das Sehvermögen ein befriedigendes, ja manchmal überraschend gutes ist, so ist und bleibt der Irisprolaps und die folgende nothwendige Abtragung desselben ein höchst unangenehmes Ereigniss, das man sich und dem Patienten füglich ersparen sollte. Die Gefahr der Infection einer ungenügend überhäuteten cystoiden Narbe oft noch nach Jahren ist doch auch nicht zu unterschätzen. Wir werden im Folgenden über einen derartigen Fall höchst trauriger Natur berichten müssen.

Eine weitere Unannehmlichkeit ist, dass viel mehr Nachoperationen nothwendig sind. Trotz aller möglichen Mittel, Anlegen eines grossen Schnittes, Ausspülung der vorderen Kammer, gelingt die Entfernung der Corticalreste meist nur unvollkommen. Es bleibt bedeutend mehr Nachstaar zurück. Nun ist aber die Discission, so unschuldig und glatt sie auch meistens verläuft, doch ein Eingriff, dem man ein Auge nicht ohne Grund aussetzen soll. Unsere Discissionsinstrumente stehen trotz aller Bemühungen der Augenärzte und Instrumentenmacher noch nicht auf der Höhe der Vollendung. Statt zu schneiden, reissen sie oft und bewirken besonders bei Augen, welche keinen ganz glatten Heilverlauf hinter sich haben, bei denen es zu Iris- oder Kapseleinheilung oder zur Bildung von stärkeren Synechien, wie sie nach der einfachen Extraction recht häufig sind, gekommen ist, Zerrung und oft recht unangenehme Reizungen. Glaskörpertrübungen nach Discission, die sich nicht immer ganz verlieren, sind häufig zu beobachten. Unter Umständen reisst der Nachstaar, anstatt sich zerschneiden zu lassen, am Ciliaransatz los, und versinkt in den Glaskörper, um aber sofort wieder aufzusteigen und sich vor die Pupille zu legen: es gibt dann, wenn man ihn entfernen will, nur die Extraction. Jeder Operateur, weiss ja von diesen Leiden ein Lied zu singen. Vor Allem aber ist auch bei der Discission eine Infection möglich, welche ein schon mit befriedigendem Sehvermögen begabtes Auge vollkommen ruiniren kann. Wer das einmal erlebt hat, wird nicht so leicht mit der Discission bei der Hand sein.

Wenn wir auch nicht vor derselben zurückschrecken sollen, wenn sie indicirt ist, so dürfte doch das Bestreben, sie zu vermeiden, gerechtfertigt sein. Dies erreichen wir aber am besten durch ausgiebige Entfernung der vorderen Kapsel mittelst Kapselpincette, sowie durch eine sorgfältige Toilette, welche beiden Manipulationen nur bei der combinirten Methode exact ausgeführt werden können.

Irisprolaps und Nachstaar sind entschieden die Hauptschattenseiten der einfachen Methode; es kommen jedoch noch einige andere Mängel dazu.

Da ist vor Allem die Nothwendigkeit eines viel grösseren Schnittes, um die Randtheile zugleich mit dem Kerne zu entfernen, sowie das ziemlich allgemein anerkannte Bedürfniss, den Schnitt in die Cornea zu verlegen. Nun scheint uns aber der Limbus gleichsam die von der Natur selbst bezeichnete Zone für die Eröffnung des Auges zu sein. Der Schnitt fällt dann in ein bereits vascularisirtes oder wenigstens ausserordentlich schnell sich vascularisirendes, daher widerstandsfähigeres Gewebe. Verzögerungen des Wundschlusses kommen hier seltener vor, als bei reinen Cornealschnitten. Auch ist fraglos, dass letztere mehr zu Infection neigen, da in der Staffel, die die beiden Wundränder meist bilden, leicht sich Infectionskeime ansammeln und weiter gedeihen können. Wir werden in der Folge sehen, dass wir es in allen Fällen, in welcher wir eine Spätinfection zu beklagen hatten, mit Cornealschnitten zu thun hatten.

Ein weiterer Uebelstand scheint uns darin zu liegen, dass die ohne Iridectomie operirten Augen mehrere Tage nach der Operation als ein noli me tangere zu betrachten sind. Die Meisten rathen, den Verband überhaupt nicht zu wechseln oder wenn, das Auge dann wenigstens nur äusserlich anzusehen. Wer das Bedürfniss hat, sich täglich von dem Wohl und Wehe seiner Operirten zu überzeugen, dem wird diese Vorschrift sehr unbequem sein. Auf die Klagen der Patienten kann man sich ja nicht verlassen. Die Einen haben merkwürdig torpide Nerven und klagen gar nicht, die Anderen klagen beständig oft für Nichts und wieder Nichts. Bei den Einen werden wir, wenn wir nicht täglich verbinden, leicht etwas versäumen, bei den Andern, wenn wir den Klagen nachgeben und das Auge untersuchen, vielleicht schaden, wenn wir aber nicht verbinden und sie mit den Schmerzen liegen lassen, den Vorwurf der Unaufmerksamkeit ernten. Die Parallele mit den Dauerverbänden nach anderen chirurgischen Operationen stimmt nicht. Wir haben für's Auge keinen Thermometer, der uns bei Zeiten warnt und auf die subjectiven Empfindungen können wir eben nicht zu viel geben. Eine Operationsmethode, welche uns erlaubt, uns täglich von den Fortschritten der Heilung zu überzeugen, was auch den Patienten das Liebste ist, verdient entschieden den Vorzug.

Die einfache Methode hat ja ihre zweifellosen Vortheile: Die Operation ist bedeutend abgekürzt, wegen des Wegfalls des schmerzhaften Actes der Iridectomie vollkommen schmerzlos, und bei der Führung des Schnittes in der Cornea auch eine blutleere: Glaskörperprolaps ist wegen des Schutzes der Patella durch die stehenbleibende Iris äusserst selten. Die Heilung ist meist, wenn die Iris richtig liegt, eine aussergewöhnlich glatte und reizlose. Bei glatter Heiluug haben wir ein ideales Resultat, das jedes Operateurs Herz erfreuen muss: Das Auge ist nicht verstümmelt und ihm überhaupt nichts von dem Eingriffe anzusehen. Die Sehschärfe ist, wenn die meistens nothwendige Discission gemacht ist, eine tadellose: $V. = 5/5$ ist nicht selten. Bei unserer Methode ist eine Sehschärfe von $5/5$ eine Seltenheit, die Durchschnittssehschärfe berechnet sich auf $5/8$. Während aber bei uns dies meist das Resultat einer Operation ist, ist bei der einfachen Methode das primäre Sehresultat meist ein viel schlechteres und man ist eben gezwungen zu discidiren, um ein brauchbares Resultat zu erreichen. Würden wir in jenen Fällen, in denen wir uns mit $V. 5/6$ oder $5/10$ begnügen, consequent discidiren, so würden wir gleich brillante Endresultate aufzuweisen haben; die Discission in diesen Fällen, in denen es sich meist nur um feine Faltungen der hinteren Kapsel handelt, sind ja sehr einfach. Wir betrachten es aber eben als einen Vorzug unsrer Methode mit einer Operation zum Ziele zu kommen. Es ist uns noch kein Operirter auch unter der besseren Classe vorgekommen, der nicht vollauf zufrieden gewesen wäre, wenn er eine Sehschärfe von $5/10$ erreicht hatte und Jäger 3 fliessend lesen konnte. Die Patienten zu einem nochmaligen Verbleiben in der Anstalt zu bereden, ist oft recht schwer. Die Discission aber gleich der Extraction in Form des Glaskörperstiches anzuschliessen, ist verwerflich. Dieselbe kurz vor der Entlassung, 10—14 Tage nach der Hauptoperation vorzunehmen, ist nicht immer rathsam, da nur ganz glatt geheilte Augen den Eingriff gut vertragen, andrerseits, besonders wenn die vordere Kapsel ausgiebig entfernt wurde, sich sehr oft ein anfangs noch sehr bedeutender Nachstaar ganz oder soweit verliert, dass man ohne Discission auskommt.

Unserer Ansicht nach ist man verpflichtet diejenige Methode zu wählen, durch welche der uns Vertrauende auf die schnellste und ungefährlichste Art zu einem befriedigenden Sehresultate gelangt. Als solche muss aber die combinirte Methode bezeichnet werden. Sie giebt vielleicht nicht so brillante, aber entschieden gleichmässigere Resultate. Wie sein Auge aussieht, ist ja dem Operirten ganz gleichgültig, wenn er nur sieht. Und dass ein Auge mit sauber ausgeführtem schmalem Colobom nach oben — natürlich kann man nur den kleinen Colobomen das Wort reden und nicht jenen Scheuerthoren von alter Zeit, die ein Drittel der Iris einnahmen und das Auge gründlich verstümmelten — nicht ganz hübsch aussehe und das Auge jedes Kundigen erfreuen könne, kann gewiss nicht geleugnet werden.

Dies ist in kurzen Worten der Standpunkt, welcher hier in der grossen Frage, ob mit, ob ohne Iridectomie operirt werden soll, vertreten wird.

Was die Indikationsstellung betrifft, so sind hier im Allgemeinen die von Schweigger aufgestellten Normen geltend: Die Reife im anatomischen Sinne, eine vollkommene Trübung aller Schichten, ist nicht in allen Fällen nothwendig. Es giebt viele Formen von Staar, welche die anatomische Reife niemals erlangen, so z. B. die Kernstaare, die braunen und schwarzen Staare, ferner jene Staare, welche mit Bildung feiner langer spiessförmiger fassdaubenartig den Aequator der Linse übergreifender Speichen in der Peripherie einhergehen; alle diese schälen sich leicht, ohne Hinterlassung irgendwie in Betracht kommender Reste aus. Ferner kann man, wenn der Patient einmal das 60. Jahr überschritten hat, fast immer auf eine feste Kernbildung rechnen.

Bei jüngeren Individuen wird es in der Regel nützlich sein, das Stadium der Reife abzuwarten; so lange das andere Auge noch gut ist, kann das ja ruhig geschehen. Schreitet aber auch an diesem der Staar vorwärts, ohne dass derselbe am ersterkrankten Auge reif geworden wäre, so machen wir die vorbereitende Iridectomie, verbunden mit Massage der Linse durch die Hornhaut. Die directe Massage der Linse mit dem Spatel ist wegen einer ungünstigen Erfahrung, die mit dieser Methode gemacht wurde, nicht beliebt. Die neuerdings wieder empfohlene künstliche Reifung durch Discission wurde wegen der früher gemachten schlimmen Erfahrungen nicht wieder aufgenommen. Tritt nach der Iridectomie mit Massage keine vollständige Trübung der Linse ein, so ist dies ohne Belang. Die Extraction kann ohne Anstand vorgenommen werden, da eine Linse mit beginnender Staarbildung, die auf diesen Eingriff nicht reagirt, hart genug ist, um sich, auch wenn sie nicht in allen Theilen getrübt ist, gut auszuschälen. Die künstliche Reifung unter der Staar-Operation ist eine Spielerei, die man vermeiden sollte; so schnell tritt eine Lösung der Fasern von der Kapsel und Trübung derselben nicht ein. Man kann dann ebensogut die unreife Cataract operiren: Nachstaar bleibt doch zurück. Die Hornhaut aber nimmt das Experiment meistens sehr übel.

Die Extraction sollte der vorbereitenden Iridectomie nicht vor Ablauf von 4 Wochen folgen. Am besten wartet man aber 6 Wochen. Die Reaction ist, wenn man die beiden Operationen schnell hintereinanderfolgen lässt, meist eine sehr bedeutende, wenn auch für das Endresultat ungefährliche. Die Augen sind aber meist noch sehr empfindlich und die Patienten daher unruhiger. Das Operiren des Staares in 2 Tempi ohne wesentliche Pause bietet dieselben Gefahren, als wenn man die Extraction in einer Sitzung machen würde.

Bei Schichtstaaren, welche extrahirt werden müssen, sollte man stets die vorbereitende Iridectomie machen. Bis zur äusserst möglichen Grenze sollte man discidiren. Man kommt auch nicht mit der Extraction nicht viel schneller zum Ziel, da meist präparatorische Iridectomie, dann Extraction und regelmässig auch die Discission des Nachstaars nothwendig sind.

Wenn ein Auge von Staar vollkommen frei ist, wird man nur auf ganz speciellen Wunsch des Patienten operiren, indem man ihn darauf aufmerksam macht, dass er irgend einen Vortheil, so lange das andere Auge gut bleibt, nicht haben wird. Es giebt aber Leute, denen das Bewusstsein am Staar zu leiden, vielleicht den richtigen Zeitpunkt zur Operation zu versäumen, so unangenehm ist, dass sie zur Operation drängen. Auch die Angst, es könne das gesunde Auge vom kranken angesteckt werden, ein alter Aberglaube, der nicht ganz auszurotten ist und seine Wurzel wohl in der Thatsache der sympathischen Erkrankung des gesunden durch ein entzündetes Auge hat, treibt Manche zur Operation. In ganz vereinzelten Fällen werden wir auch aus kosmetischen Gründen zur Operation gezwungen sein: in der vorliegenden Zusammenstellung ist dies 2 mal der Fall gewesen: das eine Mal bei einem Schauspieler, das zweite Mal bei einem jungen Mädchen, bei welchem die nach Netzhautablösung aufgetretene Cataract allerdings sehr entstellend wirkte.

Bei Cataract. congenita wird nur dann extrahirt, wenn die Kapsel der Discission widersteht: es handelt sich dann meistens um geschrumpfte oder um Cystenstaare, die sich meist in toto mit der Kapselpincette ausziehen lassen. Anstatt des Messer's wird in diesen Fällen eine breite Lanze genommen, da die linearen Lanzenwunden sich fraglos schneller und exacter schliessen und ein grosser Schnitt nicht benöthigt wird.

In einer Sitzung wird an beiden Augen nur in seltenen Fällen operirt. In dem vorliegenden Tausend geschah es 15 mal. Es müssen schon alle günstigen Momente zusammentreffen, die Staare uncomplicirt und operationsreif, die Augen absolut rein sein und die Betreffenden sich bei der Vorprobe sehr geschickt anstellen. Auch dann aber wird es immer noch vom Verlauf der ersten Operation abhängen, ob auch das 2. Auge gleich in Angriff genommen wird. Der Vortheil für die Patienten liegt ja auf der Hand. Wenn man sich die Fälle in der genannten Weise vorsichtig aussucht, wird man keine unangenehmen Erfahrungen machen. —

Wir gehen nun zu einer Schilderung der Vorbereitungen für die Operation, der Operation selbst und der Nachbehandlung über.

Sobald der Patient aufgenommen ist, wird er einer allgemeinen gründlichen Reinigung unterworfen, er bekommt ein Vollbad und wird angewiesen, sich Kopf und Gesicht gründlich mit Seife herunterzuwaschen. Männer werden rasirt oder der allzulange Bart gestutzt, desgleichen die Kopfhaare und buschigen Augenbrauen. Am liebsten gleich nach der Aufnahme, wenn Zeit ist, jedenfalls spätestens am Abend vor der Operation wird eine Durchspritzung des Thränennasenkanals vorgenommen. Das Durchspritzen kurz vor der Operation hat grosse Unbequemlichkeiten, da die Procedur dem Patienten oft sehr unangenehm ist — Manche fallen dabei sogar in Ohnmacht — und das Auge manchmal sehr reizt. Die Ausspritzung des Thränensackes geschieht weniger, um den Sack für die Operation zu reinigen und keimfrei zu machen, was wegen der Communication mit der Nase doch schwer möglich ist, als vielmehr der Diagnose halber, ob ein Leiden vorliegt. Läuft das Wasser — es wird Sublimat 1 : 5000 dazu verwendet — anstandslos zur Nase heraus, so ist von dieser Seite keine Gefahr zu gewärtigen. Zeigt sich eine Stenose, so muss entschieden werden, ob Sekretion der Schleimhaut vorliegt oder nicht, und es also sich um eine sogenannte trockene Stenose handelt. Der Patient wird zu diesem Zwecke einer mehrtägigen Quarantäne unterworfen, indem mehrmals am Tage durch Druck auf den Sack untersucht wird, ob keine Anhäufung von Sekret stattfindet. Ist das nicht der Fall und auch der Conjunctivalsack rein, so kann ruhig an die Extraction gegangen werden; vorsichtshalber wird der Sack dann kurz vor der Operation noch einmal ausgespritzt und die Thränenröhrchen unterbunden. Um ganz sicher zu gehen, wird das Auge am ersten Tage öfters verbunden und erst, wenn keine besorgnisserregende Sekretion sich zeigt, zum 24stündigen Verbandwechsel übergegangen.

Tritt beim Druck auf den Sack Sekret aus und wenn es auch nur leicht getrübte Thränen sind, so wird die Exstirpation des Sackes mit sofortiger Vernähung vorgenommen und erst nach erfolgter Heilung extrahirt. Die Extraction sofort der Exstirpation folgen zu lassen, scheint uns etwas leichtsinnig. Sehr oft finden wir nach der Thränensackoperation eine starke Sekretion der Conjunctiva, dieselbe ist oft geschwellt und auch aus den verschorften Thränenröhrchen lässt sich manchmal noch Sekret ausdrücken.

Das blosse Unterbinden der Thränenröhrchen bei Dakryocystoblennorrhoe ist ein Nothbehelf, den man möglichst beschränken sollte. Die Catgutfäden sind nach 3 Tagen resorbirt und, wenn dann die Wunde noch nicht geschlossen ist, liegt die Gefahr einer Spätinfection sehr nahe.

Ectropium catarrhale sowie chronische Conjunctivitiden werden mehrere Tage mit Argentum nitricum 2 % behandelt und es wird erst operirt, wenn Schwellung und Sekretion ganz gering sind; auch dann wird die Vorsicht angewandt, am ersten Tag öfters zu verbinden, um sich von der Stärke der Sekretion zu überzeugen.

In Verbindung mit den oben besprochenen Vorbereitungen werden die Patienten über die Bewegungen belehrt, welche bei der Operation auszuführen sind. Es wird ihnen gesagt, dass beide Augen offengehalten werden müssen, dass sie darauf mit beiden Augen ruhig nach abwärts sehen müssen und das Auge in dieser Stellung halten sollen, bis ein anderes Kommando ertönt. Das Abwärtsschauen wird mehrmals eingeübt, indem mit dem Kopf einer Stecknadel der Hornhautsaum betupft wird. Dadurch wird der Patient gewöhnt, auch bei Berührungen des Auges die eingenommene Stellung beizubehalten. Die Patienten werden ferner belehrt, dass sie niemals zwicken dürfen, dass sie, wenn sie zumachen sollen, die Augen nur wie zum Schlafen schliessen dürfen. Diese Belehrungen werden am Abend vor der Operation, sowie am Morgen beim Cocainisiren wiederholt; es wird der grösste Werth gerade auf dieses Einüben gelegt, da die Ruhe des Auges einen Hauptpunkt für eine exacte Technik bildet. Die so geschulten Patienten machen ihre Sache in der Regel sehr gut; in dieser Beziehung kann man der Bevölkerung von Ober- und Niederbayern, sowie den Schwaben, welche das Hauptcontingent der Operirten in Tegernsee und München stellen, nur ein gutes Zeugniss ausstellen; ebenso sind auch die Südtyroler meist gute Objecte für die Staaroperation, wenigstens sind sie nicht wehleidig, wenn auch der Mangel an Intelligenz sich manchmal unangenehm bemerklich macht. Die unangenehmsten sind die Italiener, die oft eine Angst vor der Operation haben, die sie aller Vernunft benimmt. Bei diesen muss daher auch öfters die Narkose in ihr Recht treten. Es ist Sache der Erfahrung, die Patienten in dieser Beziehung richtig zu beurtheilen. Beim Durchspritzen des Thränensackes, bei der Vorprobe und beim Cocainisiren kann man sich leicht ein Urtheil bilden, was der Betreffende auszuhalten im Stande ist. Die Schuld für eine unvollkommene Technik in Folge Unruhe des Patienten trifft den Arzt, der eben, wenn er sieht, dass der Patient die Operation auszuhalten nicht im Stande ist, die Narkose einleiten muss, wenn nicht ganz besondere Gründe gegen dieselbe sprechen. Es ist ebensowenig berechtigt zu sagen: Ich chloroformire prinzipiell nicht bei Extractionen, wie es berechtigt ist, jeden Staarpatienten zu narkotisiren. Man soll sehen mit dem Cocain soweit als möglich auszukommen, aber man darf die Mühe und Unbequemlichkeit einer Narkose nicht scheuen.

Am Tage vor der Operation bekommen die zu Extrahirenden Morgens eine Lösung von Bittersalz, um den Darm zu entleeren und für die nächsten Tage die Unbequemlichkeiten des Stuhlganges zu beseitigen.

Die für die Operation nöthigen Tropfflüssigkeiten, physiologische Kochsalzlösung, Sublimat 1 : 5000, Cocainlösung 2 und 4%, Eserin oder Pilocarpin werden am Abend vorher filtrirt und ausgekocht. Für jede Extraction wird in einem verdeckten Glase ein Reagenzgläschen für die Desinfectionsflüssigkeit (Sublimat 1 : 5000 oder Jodtrichlorid 0,75 : 1000) und Cocainlösung mit eigenem Tropfglas hergerichtet. Reagenz- und Tropfgläser werden mit absolutem Alkohol gereinigt und möglichst sterilisirt. Bei der Unmöglichkeit den vorhandenen Sterilisirapparat bei Fehlen von Gas systematisch zu benutzen, ist dies die einzige einige Sicherheit gewährende Massregel. Die aus sterilisirter Bruns'scher Watte fabricirten Tupfer, ebenso die Compressen, welche nach der Operation auf's Auge kommen, liegen mindestens 24 Stunden vorher in Sublimat 1 : 1000. Die Compressen bestehen aus einer ca. 1 cm. dicken mässig lockeren Schicht Bruns'scher Watte, welche an beiden Flächen mit feiner Gaze bedeckt ist. Sie sind ca. 8 cm lang, 6 cm breit und an den Ecken abgestutzt.

Die Operationen werden regelmässig früh Morgens vorgenommen. Im Winter wird, da es um die Zeit des Operirens noch dunkel ist, bei electrischem Licht operirt. Die Technik wird durch die Genauigkeit, mit der dabei Alles gesehen wird, ausserordentlich gefördert. Klagen der Patienten über Blendung sind nur selten vorgekommen. Das frühe Operiren hat den Vortheil, dass Operateur, Assistent und die instrumentirende Schwester nicht vorher z. B. in der Ambulanz mit infectiösen Augenkrankheiten zu thun haben und die Möglichkeit einer Uebertragung daher verringert ist. Der im Winter so kurze Vormittag wird durch das frühzeitige Operiren verlängert und die übrige Thätigkeit, das Verbinden der Operirten, die Ambulanz nicht durch die zeitraubenden Vorbereitungen zur Operation gestört. Es ist eine grosse Annehmlichkeit, wenn man die Hauptarbeit des Tages bereits frühzeitig geleistet hat. Auch die Controlle der Patienten während der ersten 12 Stunden ist exacter möglich, als wenn erst gegen Mittag operirt wird und daher ein Theil dieser Zeit bereits in die Nacht fällt. Der Wundschmerz, das Brennen, über das fast regelmässig geklagt wird, hat bis Nachmittags aufgehört und man kann, wenn Abends keine neuen Schmerzen aufgetreten sind, sicher sein, dass nichts Besonderes vorliegt.

Vor der Operation wird das Gesicht der Patienten von der Schwester gründlich abgeseift und mit eignen beständig in Carbol liegenden Schwämmen gewaschen. Die Männer bekommen zum Bedecken der Haare badekappenähnliche Hauben aus Leinwand aufgesetzt, die vor dem Verbandanlegen entfernt werden; die Frauen behalten die Schlafhauben auf. Die Haare gerathen dann nicht so leicht in Verwirrung und man ist beim Verbinden nicht der beständigen Berührung der Finger mit den Haaren ausgesetzt.

Ungefähr $1/2$ Stunde vor der Operation beginnt die letzte Vorbereitung: Die Umgebung des zu operirenden Auges wird mit Sublimat 1 : 1000 sorgfältig abgewaschen, die Lidränder und Wimpern einer gründlichen Reinigung unterworfen: Ist der Lidrand nicht ganz normal, abgerundet und verdickt, so muss man stets auf die Meibohm'schen Drüsen Acht haben: Es ist keine Frage, dass dieselben unter Umständen infectiöses Sekret beherbergen. Dieselben werden daher gründlich ausgedrückt — eine für den Patienten nicht sehr angenehme Manipulation — wobei sich oft dicke Pfröpfe eines rahmigen Sekretes entleeren, und der Lidrand dann ganz besonders sorgfältig mit Sublimat 1 : 1000 desinficirt. Der Conjunctivalsack wird mit dem vorbereiteten sterilisirten Tropfwasser (Sublimat 1 : 5000 oder Jodtrichlorid) gründlich ausgespült: Durch wiederholten Druck auf die Gegend des Thränensackes wird ein Ansaugen der eingetropften Flüssigkeit in den Sack zu bewirken versucht und dann zum ersten Mal 2 Tropfen Cocain (2%) in den Conjunctivalsack instillirt. Das verschwenderische Ueberschwemmen des Auges hat gar keinen Werth, da der Conjunctivalraum, wenn das Auge geschlossen wird, höchstens 2 Tropfen fasst. Das Auge muss darauf geschlossen gehalten werden und wird mit einem grossen in 1 : 1000 Sublimat getränkten Wattebauschen, der mit einer neuen Flanellbinde befestigt wird, bedeckt, sodass es von allen Seiten gegen die Luft abgeschlossen ist. Auch das andre Auge wird, damit der Patient nicht in Versuchung komme die Augen zu öffnen, mit einer Flanellbinde verbunden. Nach 5 Minuten wird Cocain 4% und nach weiteren 5 Minuten Cocain 2% eingetropft, womit dann meistens eine genügende Anästhesie erreicht ist. Bei unruhigeren Patienten wird unmittelbar vor Einlegen des Lidhalters, um die Cocainwirkung zu verlängern, noch ein Tropfen einer 2% Lösung instillirt.

Die Operationen werden in Tegernsee und München in einem eigenen Operationssaale vorgenommen, während in Meran bisher ein Krankensaal, in welchem 5 Betten stehen und beständig Operirte liegen, als Operationszimmer dienen musste; es ist dies ein Zustand, der stets beklagt wurde, da ein solches Zimmer niemals in wünschenswerther Weise rein gehalten werden kann, während andererseits die Störung für die Operirten durch die frühzeitige Unruhe, die besonders Chloroformnarkosen mit sich bringen, eine grosse ist. Es ist als ein grosses Glück zu bezeichnen, dass unter den 190 Patienten, welche in unserer vorliegenden Zusammenstellung figuriren und in jenem Zimmer operirt wurden, kein Unglücksfall, der auf ungenügende Asepsis zurückzuführen gewesen wäre, zu beklagen war. Die Verluste durch Infection kommen lediglich auf Tegernsee und München, wo doch ein exact zu reinigender Operationssaal zur Verfügung steht.

Als Operationsstuhl dient in Tegernsee und München der bekannte Heidelberger Stuhl, während in Meran bisher ein einfacher Schoeberlestuhl zur Verwendung kam.

Die Sterilisation der Instrumente geschieht für Lidhalter, Pincetten und Pinceciseaux in strömendem Dampfe. Die Messer, sowie die Instrumente mit Elfenbein- oder Aluminiumgriffen werden nur ausgekocht, da Griffe und Schneiden durch die strömende Hitze zu sehr ruinirt werden. Eine gute Schneide des Messers ist aber gewiss fast ebenso wichtig als genaue Asepsis. Der strömende Dampf ist ja gewiss das beste Sterilisationsmittel. Die Asepsis darf aber nicht auf Kosten der Technik übertrieben werden. Die Instrumente liegen in 2 % Carbollösung und werden, bevor sie dem Operateur übergeben werden, in kochendem Wasser abgeschwenkt. Folgen mehrere Extractionen auf einander, so werden sie zwischen 2 Operationen geputzt und ausgekocht.

Die Reinigung der Hände und Nägel geschieht mittelst Waschen mit Nagel-Bürsten und Seife in warmem Wasser und Auskratzen der Nägel. Diese mechanische Reinigung muss als die Hauptsache bezeichnet werden. Das Eintauchen der Hände in eine Desinfectionsflüssigkeit kann nur Werth beanspruchen, wenn es mindestens 5 Minuten lang fortgesetzt wird und wird auch dann am besten mit mechanischem Abreiben mittelst Bürste oder Watte verbunden.

Operateur und Assistenten tragen frischgewaschene weissleinene Operationsjacken.

Ist so Alles auf's Genaueste für die Operation vorbereitet, so wird der Patient aus dem Vorbereitungszimmer in's Operationszimmer geführt, auf den Stuhl zurechtgelegt und Hals und Brust mit einem durch längeres Liegen in Carbol möglichst desinficirten Tuche bedeckt, sodass der Operateur nicht mit den Kleidern des Patienten in Berührung kommen und, wenn nothwendig, die unnöthigen Instrumente hier schnell deponiren kann.

Die Instrumente werden durch die assistirende Schwester zugereicht, sodass der Operateur nicht durch Suchen und das nothwendige Desinficiren aufgehalten ist, auch der fixirende Assistent nicht gezwungen ist, seine Aufmerksamkeit vom Auge abzuwenden und so alle Manipulationen in möglichster Schnelligkeit vor sich gehen können. Je mehr Alles klappt, desto besser ist es für den Erfolg. Jede Verzögerung muss als ein Fehler in der Technik bezeichnet werden, der sich rächen kann, indem der Patient mit Nachlassen der Cocainwirkung und seiner psychischen Anspannung unruhiger wird. Je schneller das eröffnete Auge unter den schützenden Verband kommt, desto besser ist es mit der Asepsis bestellt, da die Luftinfection, wenn ihr auch keine grosse Rolle zukommt, doch nicht ganz auszuschliessen sein dürfte.

Mit Hereinführen der Patienten, Operiren, Verbinden und Hinaustragen dauert eine Staaroperation im Durchschnitt 10 bis 12 Minuten.

Der Operateur steht vorn neben dem Patienten. Das rechte Auge wird mit der linken Hand, das linke mit der rechten Hand operirt. Es ist Prinzip in allen nur möglichen Fällen nach oben zu operiren, wenn nicht schon vorhandene Colobome oder Trübungen für die Wahl einer anderen Schnittlage bestimmend sind; ferner wenn das andere Auge an einem anderen Orte bereits nach unten operirt wurde, wird meistens der Gleichheit wegen auch nach unten operirt. Das Colobom nach unten wirkt aber mehr entstellend. Auch in der Narkose wird von dem Prinzip nach oben zu operiren, nicht abgegangen, obgleich die Durchführung desselben wegen des Ausweichens des Auges nach oben manchmal etwas erschwert wird. Zur Schnittführung wird nur das Graefe'sche Messer benutzt. Nachdem eine Zeitlang abwechselnd Weiss'sche, nach dem Muster Noys-Arlt an der Spitze zweischneidig geschliffene, ziemlich breite Messer und Luer'sche schmälere in Verwendung waren, werden jetzt nur mehr Luer'sche Messer verwendet. Die Elfenbeingriffe sind durch Aluminiumgriffe ersetzt.

Was den Schnitt anlangt, so besteht das Bestreben, denselben im Limbus zu führen. Punction und Contrapunction erfolgen stets in demselben. Bei reinen Augen und uncomplicirten Staaren wird er auch im Limbus weitergeführt. Der Schnitt wird so ein typischer Lappenschnitt: Punction und Contrapunction ca. 2 mm oberhalb des horizontalen Meridians, Lappenhöhe von 3—4 mm. Natürlich ist für die Grösse des Schnittes die Grösse des Staares bestimmend. Ist man wegen bestehender Sekretion ängstlich, so wird durch eine leichte Drehung des Messers die Lappenhöhe in den Limbus sklerae verlegt und ein Conjunctivallappen gebildet. Ist andererseits das Auge sehr gespannt und Furcht vor Glaskörperprolaps wegen Myopie, überreifer Cataract und sonstiger Complicationen vorhanden so wird durch eine leichte Drehung des Messers nach vorn die Lappenhöhe in die Cornea verlegt, der Schnitt dadurch der Linearität genähert und die Neigung der Wunde zum Klaffen verringert. Es ist selbstverständlich, dass damit nur die allgemeinen Prinzipien gekennzeichnet sind. Kein Operateur wird behaupten, dass er es in der Hand habe, den Schnitt immer nach seinem Wunsch auszuführen. Besonders bei unruhigen Patienten, sowie bei enger vorderer Kammer stösst die exacte Ausführung der Contrapunction oft auf Schwierigkeiten; ferner fällt bei Einreissen der Conjunctiva an der Fixationsstelle der Schnitt leicht cornealer aus, als gewünscht war.

Die Fixation des Bulbus geschieht während der ganzen Operation fast ohne Ausnahme mit der einfachen Blömmer'schen Pincette: Die Sperrpincetten können auch bei guter Einübung der Handhabung unter Umständen Unbequemlichkeiten beim Wunsche der schnellen Entfernung bereiten.

Der Operateur übergiebt nach Vollendung des Schnittes die Pincette dem Assistenten, welcher den Bulbus, nachdem er den Patienten aufgefordert hat, nach unten zu sehen, so fixirt. Ein Zerren am Auge wird dadurch nach Möglichkeit vermieden.

Die Iridectomie wird ausgeführt mit der Wecker'schen Pinceciseaux und einer äusserst feinen Pincette, wie sie von Prof. Eversbusch für feine Sphincterectomieen angegeben wurde. Die Branchen derselben laufen nach vorn fast spitz zu und berühren sich auch bei festem Schluss nur mit dem vordersten Ende, an welcher die eine mit einem feinen Häkchen in 2 Häkchen der andern Branche eingreift. Diese feinen Haken sind durch den vieljährigen Gebrauch stark abgenützt und eigentlich nur mehr andeutungsweise vorhanden, sodass die Pincette nur ein äusserst discretes Stück der Iris fassen kann. Es lassen sich mit derselben sehr hübsche kleine Colobome anlegen. Das vorgezogene Irisstück wird natürlich mit einem Scheerenschlag abgekappt.

Die Eröffnung der Kapsel geschieht stets mit der Kapselpincette. Die vollkommene Entfernung ist, um das Zurückbleiben von Kapselresten nach Möglichkeit zu vermeiden und die Resorption der zurückbleibenden Corticalreste zu ermöglichen, stets anzustreben und sie kann eben nur mit der Kapselpincette erreicht werden. Die Gefahren derselben sind gegenüber den Vortheilen nicht hoch anzuschlagen. In der folgenden Zusammenstellung befindet sich kein Fall, der wegen des Gebrauchs der Pincette einen schlimmen Ausgang genommen hätte. Es kommt allerdings vor, dass der Kern dadurch luxirt wird. Er lässt sich aber fast immer durch leichtes Reiben mit dem Kautschuklöffel reponiren und glatt entbinden. Diesem Nachtheil steht der Vortheil gegenüber, dass es gar nicht selten gelingt, überreife Staare oder Cystenstaare mit derselben in der Kapsel zu extrahiren. Beim Gebrauch des Cystitoms bleiben gerne Kapselfetzen zurück, welche sich in die Wunde legen und in der Folge zu verlangsamtem Wundschluss und langdauernden cyclitischen Reizungen Veranlassung geben können. Die Eröffnung der Kapsel mit dem Messer, während dasselbe die Kammer passirt oder nach Vollendung des Schnittes, sind als Spielereien zu bezeichnen. Wenn es auch wünschenswerth erscheint, nicht unnöthig viele Instrumente zu benutzen, so ist doch diese Vereinfachung des Instrumentariums zum Mindesten überflüssig. — Nur wenn nach Application der Kapselpincette bei Druck auf den unteren Cornealrand die Einstellung der Linse nicht erfolgt, sei es, dass die Pincette an der elastischen Kapsel nicht gefasst hat, oder dass nur ein centrales Stück extrahirt wurde, die peripheren Theile aber stehen und den Kern zurückhalten, tritt das Cystitom in Thätigkeit.

Die Einstellung des Linsenrandes wird erreicht, indem mit

dem Kautschuklöffel ein Druck auf den unteren Cornealrand ausgeübt und die Wunde dadurch zum Klaffen gebracht wird. Hat sich der Rand eingestellt, so wird durch langsamen fortgesetzten Druck nach oben und hinten die weitere Entbindung bewerkstelligt. Sobald die Cataract mit ihrem grössten Durchmesser die Wunde passirt hat, wird sie vom Assistenten vorsichtig, damit die Randtheile nicht abbröckeln, mit Critschett zur Seite gewälzt und entfernt. Der Kautschuklöffel gleitet, während die Entbindung vor sich geht, auf der Hornhaut nach oben, um etwa zurückbleibende Corticaltheile gleich mit zu entfernen. Ist die Spannung des Bulbus sehr stark, so wird der Lidhalter, welcher durch Druck auf den Bulbus dieselbe stets noch vermehrt, entfernt und die Entbindung durch Druck mit dem unteren Lid bewerkstelligt. Gleich nach Austritt der Cataract oder zugleich mit demselben wird der Lidhalter entfernt; nur bei unruhigen Patienten, bei denen man fürchtet, dass nach Entfernung desselben die Augen nicht mehr genügend geöffnet werden und daher die Ausstreifung der Corticalis, sowie die Wundtoilette, Reposition der Iris, Entfernung der Coagula, nicht exact ausgeführt werden könne, bleibt er liegen und wird mit Kautschuklöffel die Toilette besorgt. Meistens aber werden Reste mit dem unteren Lide herausgeschoben, indem das obere Lid vom Bulbus abgehalten wird, damit der Patient nicht bei eventuellem Zwicken sich dasselbe in die Wunde presse. Finden sich hartnäckige Corticalreste, welche diesem Manöver trotzen, so wird einige Zeit gewartet, bis sich Kammerwasser angesammelt hat und dann versucht, sie mit demselben herauszuschwemmen. Gelingt es auch so nicht Alles zu entfernen, so wird mit Spatel eingegangen und ein Theil ausgestreift, worauf die andern oft leicht bei nochmaligem Schieben mit dem unteren Lide folgen. Doch giebt es freilich auch Corticalreste, welche allen Bemühungen trotzen.

Nachdem auf diese oder jene Weise das Pupillargebiet möglichst gereinigt ist, werden die Coagula entfernt, und dann die Colobomschenkel mit silbernem Spatel mit grösster Sorgfalt reponirt, was oft ein mehrmaliges Eingehen erfordert. Lässt sich ein oder der andere Irisschenkel nicht vollkommen in die richtige Lage bringen, so muss stets Verdacht auf Kapselreste, die sich in den Wundecken eingeklemmt haben, bestehen und muss nach denselben mit der Coagulumpincette gefahndet werden.

Die letztgenannten Manipulationen werden ohne Lidhalter ausgeführt, indem der Assistent die Lider hält. Während der Operation wird nur einmal nach Entbindung der Cataract gespült und der Conjunctivalsack von Blutgerinnseln und Corticalresten gereinigt. Die Spülungen wurden mit Sublimat 1:5000, jetzt nach Einführung des Jodtrichlorids nach Pflüger's Vorschrift mit physiologischer Kochsalzlösung vorgenommen. Nach Beendigung der Operation wird, wenn nicht eingetretener Glaskörperprolaps eine Contraindication bildet, der Conjunctivalsack gründlich ausgespült und wenn der Patient einigermassen geschickt ist, die Wunde selbst berieselt. Zuletzt kommt ein Tropfen Eserin oder Pilocarpin in den inneren Lidwinkel. Der Verband besteht in einer in Sublimat 1:1000 getränkten Compresse auf beide Augen. Ueber dem operirten Auge wird dieselbe mittelst eines Gazeläppchens und Collodium ringsum fixirt. Als Polsterung kommt darüber ein Bauschen loser Watte, das Ganze wird durch einen Binoculus mit einer circa 6 m langen und 6 cm breiten Battistbinde fixirt.

Als Tractionsinstrument bei Schlotterlinsen, bei adhärenten Staaren, bei Glaskörperprolaps oder wenn sich die Patella anstatt des Randes der Linse einstellt, dient stets der silberne Critschett'sche Löffel. Auch wenn der Schnitt einmal zu klein ausgefallen ist, wird anstatt Erweiterung der Wunde mit Kniescheere, gerne der Critschett verwendet; selbst durch eine kleine Wunde tritt der Kern, er müsste denn sehr hart sein, mittelst Zug leicht aus, indem sich die Corticaltheile abstreifen.

Der doppelseitige Verband wird 5 Tage lang fortgesetzt,

wenn nicht Contraindicationen wie besonders Neigung zu Delirien es verbieten. Die Zimmer, in denen die Operirten liegen, sind leicht verdunkelt, da vollkommen helle Zimmer den Patienten direct unangenehm sind. So lange beide Augen verbunden sind, bleibt der Patient auch im Bett, wenn nicht Affectionen der Lunge oder des Herzens gegen ein langes Liegen sprechen. Gleich nach der Extraction bekommt der Operirte einen Esslöffel Chloralmixtur (enthaltend 1,0 Chloral und 0,01 Morphium); ebenso Abends 1 Esslöffel. Ist Hustenreiz vorhanden, so wird Morphium (0,015) in Pulverform oder Pulvis Doveri verabreicht. Patienten, die man aus früherer Erfahrung als Potatoren mit Neigung zu Delirien kennt oder bei denen diese Neigung angenommen wird, bekommen vom ersten Tage an Cognac und Opium, welch' letzteres Mittel entschieden besser als Chloral wirkt, da der Schlaf, den dieses bewirkt, die Patienten oft erst recht confus macht. Hat der Wundschmerz gegen Nachmittag sich vollkommen gegeben und ist nicht mehr aufgetreten, so findet Abends kein Verbandwechsel statt. Sind aber neuerdings Schmerzen aufgetreten, so wird gerne der Verband gewechselt. Es ist das ja oft unnöthig — meist sind es nur Thränen, die abgelassen werden müssen — aber es ist den Patienten eine grosse Annehmlichkeit und dient beiden Theilen zur Beruhigung. Selten, nur wenn starker Glaskörperprolaps vorliegt, bleibt der erste Verband länger als 24 Stunden liegen. Hat der erste Verbandwechsel ein vollkommen beruhigendes Bild ergeben und ist keinerlei Sekretion vorhanden, ist ferner bei ungenügendem Wundschluss, wie es besonders bei Cornealschnitten in den ersten Tagen sehr häufig ist, jede Manipulation am Auge, die den Patienten zum Zwicken und Blinzeln verleiten könnte, als schädlich zu betrachten, so kann der Verband, wenn gar nicht geklagt wird, ruhig 48 Stunden liegen bleiben: länger wohl kaum. Die trockenwerdende Compresse belästigt sehr, kleinere Sensationen, welche zu Klagen Anlass geben, werden sich bemerklich machen, der Patient wird wünschen von dem Fortschritt der Heilung unterrichtet zu sein; es wird daher eine Visitation wünschenswerth werden. Besonders bei Operirten der besseren Classe ist es schwer allzu rigoros in der Nachbehandlung vorzugehen, zumal wenn dieselben einmal die Annehmlichkeiten des öfteren Verbindens, einer frischen kühlenden Compresse kennen gelernt haben. Auch der Wunsch des Arztes, sich womöglich täglich 1 mal von dem Wohl und Wehe seiner Extrahirten, welche den edelsten Theil seiner Patienten bilden, zu überzeugen, wird oft dazu führen auch geringeren Klagen derselben nachzugeben und zu verbinden.

Die Nahrung der Operirten besteht in den ersten 3 Tagen in vollkommen flüssiger Kost — Fleischsuppen mit Ei, Milch, eventuell Wein — am 4. und 5. Tage bekommen sie bereits leichte Fleischspeisen (Haschee etc.) verabreicht; doch werden sie noch gefüttert.

Am 6. Tage werden die meisten Patienten herausgesetzt und wird das nicht operirte Auge nicht mehr verbunden; nur wenn die Wunde noch nicht geschlossen ist, wird der doppelseitige Verband fortgesetzt, freilich oft ohne den gewünschten Erfolg; man macht oft die merkwürdige Erfahrung, dass man wegen noch offener Wunde viele Tage lang beide Augen verbindet, ohne Wundschluss zu erzielen. Lässt man zuletzt das gesunde Auge frei und überlässt den Patienten sich selbst, so findet man oft am nächsten Tage die Wunde geschlossen.

Traumatische Trübungen der Hornhaut verschwinden meist schnell unter feuchtwarmem Verbande. Bei allen Reizzuständen der Iris, seien sie nun bedingt durch restirende Corticalreste, durch Trauma bei der Operation oder genuiner Natur, wird Atropin instillirt, das Auge feuchtwarm verbunden nnd in reichlichen Mengen Natron salicylicum verabreicht, das fraglos eine ausserordentlich wohlthuende, beruhigende Wirkung auf das Auge und überhaupt auf den Körper ausübt. Viele Patienten erklären von dem Tage an, an welchem sie diese Pulver bekamen, erst Ruhe im Auge bekommen und besser geschlafen zu haben. Auch objectiv ist eine günstige Wirkung auf Röthung des Auges, Schwellung der Conjunctiva nicht abzustreiten. Man ist daher hier mit dem salicylsauren Natron auch bei geringfügigeren Sensationen im Auge sehr freigebig.

Wenn Alles glatt geht, wird meist am 10. oder 11. Tage der Verband ganz fortgelassen. Der Patient bleibt dann noch mindestens 4—5 Tage in der Anstalt. Durchschnittlich am 16. Tage nach der Operation, also am 18. Tage seines Aufenthaltes in der Anstalt wird er entlassen. Das Entlassen vor dem 8. oder 9. Tage, oder gar die ambulante Behandlung von Staaroperirten ist direct verwerflich. Die Erfahrung, dass ein Auge trotz aller möglichen Schädlichkeiten heilen kann, hat ja wohl jeder Augenarzt gemacht, daraus aber ein System zu machen und das Auge muthwillig diesen Gefahren auszusetzen, ist Unrecht. Man kann sagen, dass meist erst am 7. oder 8. Tage, auch bei primärem Wundschluss, die vordere Kammer wirklich hergestellt ist, indem der Pupillarrand, der bis dahin der hinteren Kapsel auflag, wenn nicht starke Synechieen vorliegen, sich abhebt, und dann sich der Raum, in welchem die Linse lag, als hintere Kammer ausbildet, und so lange diese inneren Heilungsvorgänge nicht vollendet sind, soll man eben verbinden. —

Wir lassen nun im Folgenden die vollständigen Tabellen der Operirten folgen und werden immer am Schluss jedes Hunderts eine Besprechung der Erfolge anknüpfen.

Erstes Hundert.

Vom 5. Juli 1889 bis 14. Oktober 1889.

Nr.	Name		Alter	Zustand des Auges und des Staares	Tag der Operation	Operation
1	Anna W.	L.	76	Cataract. mat. senil.	4. VII.	glatt
2	Franziska T.	R.	60	Cat. sen. mat.	4. VII.	„
3	Franz W.	L.	43	Cat. sen. fer. mat.	5. VII.	„
4	Katharina Bl.	R.	70	Cat. sen. mat.	6. VII.	„
5	Anton K.	R.	78	Cat. sen. mat.	6. VII.	„
6	Kath. B.	L.	}66	Cat. sen. mat.	9. VII.	„
7	„ „	R.				
8	Josef D.	R.	63	Cat. nucl. brunesc. immat.	10. VII.	Patella schwankend, Critschett, Toilette unterbleibt
9	Maria Schr.	R.	65	Cat. sen. mat.	10. VII.	glatt
10	Anton G.	L.	71	Cat. sen. mat.	12. VII.	Kern mit Kapselpincette leicht luxirt, Critschett
11	Nanette R.	R.	67	Cat. mat.	13. VII.	glatt
12	Anton Gr.	R.	76	Cat. mat.	13. VII.	„
13	Anna A.	R.	}66	Cat. capsul. fer. mat.	18. VII.	„
14	„ „	L.			10. VIII.	„
15	Maria M.	R.	}66	Cat. nucl. mat.	17. VII.	glatt, nur am Schluss etwas Glaskörper
16	„ „	L.			22. VII.	glatt, Corticalreste bleiben zurück
17	Apollonia L.	R.	64	Cat. sen. mat.	17. VII.	glatt, am Schluss etwas Glaskörpe
18	Theresia Sch.	R.	58	Cat. sen. mat.	20. VII.	glatt
19	Karl R.	R.	67	Cat. sen. mat.	20. VII.	„
20	Josef E.	L.	}63	Cat. sen. hypermat.	22. VII.	glatt, Kern mit Kapselpincette luxir reponirt, glatt entbunden
21	„ „	R.		Cat. mat.	29. VII.	glatt
22	Anna R.	R.	68	Cat. fer. mat. Macul. corn.	23. VII.	„
23	Theres. Fr.	R.	69	Cat. sen. mat.	24. VII.	„
24	Walpurga W.	L.	68	Cat. sen. mat.	24. VII.	„
25	Maria A.	R.	}3	Cat. congenita moll.	25. VII.	Narkose, mit Critschett die weiche Staarmassen ausgelöffelt
26	„ „	L.			6. VIII.	
27	Maria B.	R.	57	Cat. tum. sen.	25. VII.	glatt
28	Franziska B.	L.	}74	Cat. sen. mat.	26. VII.	„
29	„ „	R.				glatt, am Schluss leichter Glaskörperprolaps
30	Franz Sales H.	R.	46	Cat. aridosiliq. accreta tremulans	18. VII.	Prolaps verflüssigten Glaskörper Critschett
31	Walpurga K.	R.	65	Cat. sen. mat. Conjunctivit. chron.	30. VII	glatt
32	Anna Maria V.	R.	69	Cat. nucl. Glaucom. chron.	29. VII	Glaskörperprolaps, Critschett
33	Ernst L.	R.	}54	Cat. sen. mat.	30. VII., 13. VIII.	Narkose } glatt
34	„ „	L.				„
35	Josef K.	L.	80	Cat. sen. mat.	30. VII	glatt
36	Alois B.	R.	61	Cat. dur. mat. compl.?	27. VII.	„
37	Adelheid v. B.	R.	75	Cat. sen. mat.	31. VII.	„

Erstes Hundert.

Heilungsverlauf	Dauer der Behandlung	Sehschärfe bei der Entlassung	Nachoperation	Endliche Sehschärfe
glatt	21	$5/24$ Jäger 3	—	—
„	27	$5/15$ Jäger 3	—	$5/5$
„	28	$5/9$	—	$5/6$
„	26	$5/15$ Jäger 3	—	$5/6$
glatt, 29. VII. Discissio (Cystitom.)	38	$5/10$	—	—
glatt	23	$5/6$	—	—
		$5/10$		
rticalreste bedingen cyclitische Reizung mässigen Grades	62	—	Extract. cat. sec. 21. VIII, Fing. in 3 m Atrophia nerv. optic.	—
glatt	16	—	27. VII. Discissio	$5/5$
glatt, kernschwarze Pupille	18	$5/50$	Atrophia nerv. optic.	—
glatt	18	$5/15$	Discissio	$5/6$
nfangs glatt, am 10. Tag Iridocyclitis acut. plastic.	41	—	7. VII. 90 Iridotomie	$5/50$
glatt	44	Cat. sec. 0	zur Discission bestellt	—
imäre Wundinfection, Panophthalmie, 14. VIII. Enucleation				
glatt	40	$5/10$	—	$5/6$
rticalreste bedingen leichte cyclitische Reizung, Nachstaar mit Synechien		—	Discission auf Wunsch unterlassen	—
glatt, Nachstaar	25	—	Januar 1891 Discission	$5/10$
glatt	19	$5/5$	—	$5/5$
„	18	$5/9$	—	
„	31	Finger in 5 m	—.	$5/15$
„		$5/15$	—	$5/10$
„	16	Finger in 2 m	—	
„	20	$5/15$	—	—
„	20	$5/9$	—	—
„	32	—	Beiderseits reine, schwarze, leicht nach oben verschobene Pupille	—
Corticalreste, Iritis serosa, Nachstaar mit Synechien	21	—	20. IX. Capsulotomie (Wecker)	$5/18$
glatt	29	$5/10$	—	—
„		$5/30$		
„	27	—	Seclusio pupill. wie vorher	—
nktförmige Infectionsherde in der Wunde d am äussern Irisschenkel, Cauterisa- n der Wunde. Irisinfection erschöpft sich spontan	35	—	17. X. 90 Cataract. sec. complic.	Fing. in $1/2$ m
glatt	20	$5/36$		
„	31	$5/50$	27. IX. Discission	$5/30$
„		$5/12$		$5/10$
glatt, Discissio 31. VIII.	38	$5/30$ Jäger 5	—	$5/30$
glatt	18	$1/2$	dichte Trübung des Glaskörpers	—
glatt, † 14. VIII an Marasmus	15	—	—	—

Erstes Hundert.

Nr.	Name	Alter		Zustand des Auges und des Staares	Tag der Operation	Operation
38	Philipp A.	R.	76	Cat. sen. mat.	31. VII.	glatt
39	„ „	L.			7.VIII.	„
40	Simon R.	L.	64	Cat. mat. Conjunctivit.	5.VIII.	„
41	„ „	R.		chron. Distichiasis.	27. VII.	„
42	Katharina O.	R.	67	Cat. sen. mat.	8.VIII.	„
43	Johann G.	L.	38	Cat. praesen. mat.	9.VIII.	„
44	Josef Sch.	R.	69	Cat. nucl.Colobom.praep.	13.VIII.	„
45	Emilie H.	L.	65	Cat. hypermatur.	11.VIII.	„
46	Wilhelm B.	L.	17	Cat. traumatic.	14.VIII.	glatt, Kniescheere
47	Georg S.	L.	69	Cat. sen. mat.	14.VIII.	glatt
48	Alois B.	R.	76	Cat. sen. mat.	15.VIII.	„
49	Emma v. S.	R.	55	Cat. sen. mat.	17.VIII.	„
50	Josef M.	L.	56	Cat. mat. Colob. praep.	17.VIII.	„
51	Franz B.	L.	77	Cat. sen. mat.	20.VIII.	„
52	Anna Schr.	R.	69	Cat. sen. mat.	20.VIII.	„
53	Michael T.	R.	73	Cat. sen. mat.	22.VIII.	„
54	Anton M.	L.	74	Cat. sen. mat.	22.VIII.	„
55	Joh. Nep. Sp.	R.	74	Cat. sen. mat.	24.VIII.	glatt — dem Zug der Pincette folgt die ganze Cataract
56	„ „	L.			1. IX.	glatt
57	Margarethe Z.	R.	69	Cat. sen. mat.	24.VIII.	„
58	„ „	L.			1. IX.	„
59	Ursula B.	R.	66	Cat. sen. tum.	27.VIII.	„
60	Maria A.	R.	62	Cat. sen. mat.	28.VIII.	„
61	Franz P.	R.	45	Cat. praesen. mat.	28.VIII.	„
62	„ „	L.		Amblyopia cong. oc.sin.	1. IX.	„
63	Johann W.	L.	52	Cat. immat. diabetic. Colob. praep.	28.VIII.	„
64	Julius B.	L.	72	Cat. sen. mat.	31.VIII.	„
65	Andreas H.	L.	71	Cat. hypermat.	8. IX.	Glaskörper wölbt sich vor. Critschett
66	Frz. Xav. L.	L.	73	Cat. sen. mat.	8. IX.	glatt
67	Magdalena G.	R.	43	Cat. mat.	9. IX.	glatt, mehrmals Critschett eingeführt
68	Anna W.	L.	48	Cat. sen. mat.	9. IX.	glatt
69	Ursula B.	R.	60	Cat. sen. mat.	9. IX.	„
70	„ „	L.		Cat. sen. tum.	16. IX.	„
71	Michael Z.	L.	10	Cat. zonul. Colob. praep.	31.VIII.	glatt in Narkose
72	Andreas Schw.	R.	60	Cat. immat. tremul. Glauc. sec.	9. IX.	Critschett. Linse in der Kapsel extrahirt. Glaskörperprolaps
73	Valentin H.	L.	80	Cat. sen. mat.	10. IX.	glatt
74	Josef G.	L.	49	Cat. mat. Colob. praep.	11. IX.	„

Heilungsverlauf	Dauer der Behandlung	Sehschärfe bei der Entlassung	Nachoperation	Endliche Sehschärfe
glatt	32	$5/12$	—	—
„	41	$5/15$	Atrophia nerv. optic.	—
„		$5/30$	—	$5/6$
„	17	—	8. X. Discissio	$5/20$
glatt, Nachstaar	13	$5/6$	—	$5/12$
glatt	29	Finger in 2 m	Atrophia chorioideae	—
„	21	$5/6$	—	$5/6$
„	22	—	8. X. Discission mit Sichelmesser / 18. X. Discission mit Gräfe's Messer	$5/20$
	18	$5/6$		
Hornhauttrübung, Delirien, Nachstaar	15	$5/18$	—	—
glatt	41	$5/24$	—	$5/12$
glatt, sehr viele Corticalreste	23	—	—	$5/12$
„	25	$5/20$	—	—
„	17	$5/6$	—	—
„	15	$5/20$	Glaucom chronic.	$5/18$
glatt, Nachstaar	16	$5/20$	—	—
glatt		$5/9$	—	—
	34			
		$5/15$		
„	27	$5/12$	—	$5/6$
„		$5/12$	—	$5/5$
glatt, starke Delirien	20	$5/20$	—	$5/10$
glatt, Discissio: 16. IX. u. 21. IX.	32	$5/10$	—	$5/10$
glatt		$5/15$		$5/6$
„	24	Finger in 1 m	2. XI. Discissio	Fing. i. 3 m
erschrickt wegen eines delirenden Kranken, Wundsprengung, Kapseleinheilung, Cyclitis chronic.	20	$5/30$	—	—
glatt	18	$5/20$	Sehnerv sehr blass	—
„	26	$5/30$	—	—
„	20	$5/6$	—	$5/5$
Quellung restirender Linsenmassen: leichte Reizung	26	$5/10$	—	$5/10$
glatt	15	$5/12$	—	$5/5$
„		$5/6$	—	—
glatt, äusserer Irisschenkel eingeheilt, Nachstaar	39	$5/15$	—	—
Starke Quellung der zurückgebliebenen Linsentheile, verlangsamter Wundschluss, Iridocyclitis acut. plastic., Seclusio pupillae	50	—	15. VIII. 90. Iridectomie	Fing. in 3 m
Reizlose Heilung, Glaskörperperle lange Zeit in der Wunde eingeklemmt, ohne sich zu übernarben	66	Fing. in ½ m	—	—
glatt, Nachstaar	19	—	23. X. Discissio / 29. X. Extr. cat. sec.	$5/30$
glatt	39	$5/6$	6. XI. Discissio	$5/6$

Nr.	Name		Alter	Zustand des Auges und des Staares	Tag der Operation	Operation
75	Franziska B.	L.	67	Cat. sen. mat.	13. IX.	glatt
76	„ „	R.		Cat. fere mat.	19. IX.	„
77	Therese E.	L.	72	Cat. sen. mat.	13. IX.	„
78	Franziska R.	L.	69	Cat. sen. mat.	13. IX.	Pat. zwickt stark, starker Corpusprolaps, Critschett
79	„ „	R.		Cat. sen. mat.	20. IX.	glatt in Narkose
80	Georg H.	L.	70	Cat. sen. mat.	15. IX.	glatt
81	Maria Pl.	R.	70	Cat. mat.	15. IX.	„
82	Josef T.	L.	66	Cat. mat.	16. IX.	„
83	Magnus A.	R.	63	Cat.nigr.accret.tremulans	16. IX.	Flüssiger Glaskörperprolaps, Critschett 2 mal vergeblich, Schlinge, Corticaltheile bleiben zurück
84	Ignaz E.	R.	52	Cat. mat.	18. IX.	glatt
85	Kunigunde H.	L.		Cat. zonul. Colobom. praep. Macul. corn.	18. IX.	glatt, nach Entbindung des Kernes etwas Glaskörper
86	„ „	R.	24		30. IX.	glatt, Critschett, Patella stellt sich in der Wunde ein
87	Gebhard St.	R.	56	Cat. mat. Colob. praep.	19. IX.	glatt
88	Karl B.	R.	45	Cat. mat.	11. IX.	„
89	Josef M.	R.	68	Cat. sen. mat.	21. IX.	„
90	Johann W.	L.	63	Cat. sen. mat.	25. IX.	„
91	Michael K.	L.	78	Cat. mat. Conjunctivit.	26. IX.	„
92	„ „	R.		cat. chronic.	11. X.	„
93	Josef S.	L.	48	Cat. sen. mat.	27. IX.	„
94	Franziska T.	L.	60	Cat. mat. Colob. praep.	28. IX.	„
95	Ursula S.	R.	70	Cat. hypermat.	1. X.	Kern mit Kapselpincette luxirt, Critschett, Kern macht Bascule, glatte Entbindung
96	Leonhard G.	R.	70	Cat. sen. mat.	1. X.	glatt
97	Karl Abraham	R.L.	26	Cat. zonul. Macul. corn.	5. X.	„
98	Anna Kr.	R.	78	Cat. hypermat.	14. X.	„
99	„ „	L.		„ „	14. X.	„
100	Anna B.	R.	70	Cat. sen. fere mat.	14. X.	„

Heilungsverlauf	Dauer der Behandlung	Sehschärfe bei der Entlassung	Nachoperation	Endliche Sehschärfe
glatt	33	$5/10$	—	—
		$5/10$		
glatt, leichte Cornealtrübung	28	$5/24$	—	$5/9$
glatt		$5/15$	—	—
„	37			
		$5/15$		—
„	46	$5/10$	—	—
„	24	$5/18$	—	$5/9$
„	27	$5/20$	—	—
Pat., der fast taub, delirirt stark, stark verlangsamter Wundschluss, Iriseinheilung Quellung der Staarreste, verzögerter Wundschluss, Pat. sehr unruhig, Spät-Wundinfection, Cauterisation, Heilung mit Seclusio pupillae	50	Zur Iridotomie bestellt.	—	—
glatt	18	$5/15$	—	—
„		—	—	$5/50$
„	30	—	Discissio 25. VII. 90	$5/20$
„	17	$5/30$	—	$5/6$
„	17	$5/10$	—	$5/10$
„	28	$5/6$	—	—
„	17	$5/6$	—	—
„	30	$5/6$	—	—
		$5/15$		
„	18	$5/6$	—	$5/5$
„	23	$5/6$	—	—
„	24	$5/30$	Glaskörpertrübungen	$5/30$
„	20	—	Discissio 29. I. u. 4. II. 90	$5/18$
„	25	—	Capsulotomie (Wecker) 19. II. 90	$5/10$
„	29	$5/6$	—	—
		$5/10$		
Trotz 2 maliger Wundsprengung glatt	28	$5/6$	—	—

In der vorliegenden Serie zählen wir 94 gute Erfolge: Es wurden entlassen mit einer Sehschärfe von $5/5$ und $5/6$ 28, von $5/9$ und $5/10$ 19, von $5/12$, $5/15$ und $5/18$ 13, von $5/20$, $5/24$ und $5/30$ 15 Operirte, im Ganzen 75. 7 Fälle wurden ohne Sehprobe entlassen, zum Theil lag Nachstaar vor, zum Theil war die Sehprobe, weil der Patient unerwartet abgeholt wurde, nicht möglich gewesen. Alle 7 waren vollkommen glatt geheilt und liegt kein Grund vor, dieselben nicht zu den guten Resultaten zählen. Eine Operirte ferner starb am 14. Tag, nach vollkommen glattem Heilverlauf, an Marasmus. In 2 Fällen lag totale Trübung des Glaskörpers vor und wurde das Sehvermögen trotz vollem Operationserfolge nicht gebessert. Derselbe lag auch vor in 9 Fällen, in welchen der erreichte Visus geringer war als $5/30$ und zwischen $5/36$ und Finger in $1/2$ schwankte. Die Complicationen bestanden in Maculae corneae (2 mal), Atrophia nerv. optic. (3 mal), Amblyopia congenita (1 mal), Atrophia chorioideae (1 mal), Glaucoma chronicum (2 mal). Jedesmal stand die erreichte Sehschärfe im Verhältniss zu der vorliegenden anderweitigen Erkrankung des Auges.

Diesen 94 guten Erfolgen, stehen 5 Fälle mit mässigem Erfolge — bei einem von diesen Fällen ist der Erfolg erst von einer Nachoperation zu erwarten — und 1 Verlust gegenüber.

Wir wollen diese Fälle etwas genauer schildern:

Der erste betraf einen 76jährigen Herrn, von kräftiger Constitution, dessen einziges Leiden, ausser dem Staare, in zeitweisen Anfällen von Angina pectoris bestand, die wohl mit einer allgemeinen Sklorose der Arterien zusammenhing. Das Auge war absolut gesund; er hatte stets gut damit gesehen. Die Operation verlief ausserordentlich glatt. Der grosse harte Kern schälte sich leicht aus. Die ersten 10 Tage der Heilung verliefen ganz normal; es war schon beschlossen, den Verband am nächsten Tage fortzulassen, als sich Abends Schmerzen einstellten, Chemose sich ausbildete und in den nächsten Tagen eine schwere acute Iridocyclitis plastica sich entwickelte, die trotz sofort eingeleiteter energischer Inunctionskur zur vollkommenen Verwachsung der Pupille führte. Merkwürdig war, dass der Patient eingestehen musste, am Morgen des Tages, an welchem sich Abends die Schmerzen einstellten, mit Hülfe einer Convexbrille mit dem nicht operirten Auge am Spalt des geschlossenen Ladens, durch den ein greller Lichtstrahl fiel, einen 4 Seiten langen Brief gelesen zu haben. Ob es sich hier nur um ein zufälliges Zusammentreffen handelt, muss dahingestellt bleiben. Der ganzen Natur nach war die Entzündung eine infectiöse. Durch eine nach 10 Monaten vorgenommene Nachoperation (Iridotomie nach Wecker) wurde eine schöne breite spaltförmige Pupille hergestellt. Die erreichte Sehschärfe betrug $5/50$ der normalen. Gröberer Druck konnte gelesen werden.

Der 2. Fall von schwerer Iridocyclitis acuta plastica betraf einen 10jährigen Knaben mit Schichtstaar. Die Iridectomie nach unten war schon vor mehreren Jahren gemacht worden. Die Extraction wurde in Narkose vorgenommen. Sie verlief glatt, doch blieben sehr viele Corticaltheile zurück, welche stark quollen, die Iris und die Kapsel in die Wunde drängten, starke Verzögerung des Wundschlusses bewirkten und Hand in Hand mit diesen Complicationen eine schwere plastische Iridocyclitis hervorriefen, die zu völligem Verschluss der Pupille führte. Eine nach einigen Monaten vorgenommene Iridectomie erzielte ein schönes Colobom und eine Sehschärfe von Finger in 3 m. Am anderen Auge wurde durch Discission des Schichtstaars ein sehr gutes Resultat erzielt.

Im 3. Falle handelte es sich um eine Cataracta diabetica. Der Patient war im Bahndienste und vom Erfolge der Operation hing es ab, ob er noch länger im Dienste bleiben durfte. Vorsichtshalber war 5 Wochen vorher die Iridectomie gemacht worden. Die Operation verlief tadellos, ebenso die ersten 5 Tage der Heilung; die Pupille war rein, die Kammer tief, das Auge vollkommen reizlos. Da wurde Patient durch einen neben ihm liegenden delirirenden Kranken im Schlafe erschreckt und fühlte sofort Schmerz. Beim Verbandwechsel am anderen Morgen zeigte sich, dass die Wunde sich geöffnet hatte. Die peripheren Theile der Colobomschenkel waren der Wunde angelegt, ein Kapseltheil desselben innen angelöthet. Seitdem blieb das Auge gereizt. Es entwickelte sich eine schleichende Cyclitis, welche zu Glaskörpertrübungen führte und das gute Operationsresultat stark beeinträchtigte. Die Sehschärfe blieb dauernd auf $5/50$ herabgesetzt.

In 3 Fällen trat Wundinfection ein, von denen jedoch nur eine zu Panophthalmie und Verlust des Auges führte. Es zeigte sich schon am 2. Tage eine so weitgehende Infiltration der Hornhaut, dass an einen Erfolg durch Cauterisation gar nicht mehr zu denken war. Am 4. Tage wurde wegen der starken Schmerzen die Enucleation vorgenommen. Das andere Auge war mit gutem Erfolge extrahirt worden. In diesem Fall muss eine Infection bei der Operation angenommen werden.

In den andern beiden Fällen konnte die beginnende Infection durch rechtzeitige Cauterisation geheilt werden.

In dem einen derselben war die Infection offenbar bedingt durch eine versteckte Erkrankung des Thränensackes. Es bestand eine leichte chronische Conjunctivitis, aber wie es schien, ohne Betheiligung des Thränensackes; wenigstens liess sich kein Sekret ausdrücken. Regelmässige Durchspritzungen wurden damals noch nicht vorgenommen. Am 2. Tage zeigten sich in der Wunde 3 ungefähr stecknadelkopfgrosse Infiltrate, sowie 2 ähnliche am äusseren Colobomschenkel. Die Infiltrationen in der Wunde wurden mit dem Galvanocauter zerstört. Die Abscesse an der Iris vergrösserten sich anfangs, doch trat nach einigen Tagen ein Stillstand in der Entwicklung und bald ein langsamer Rückgang ein; inzwischen wurde die Patientin entlassen. Nach 2 Jahren fand sie sich zur Operation des anderen Auges ein. Das operirte Auge war reizlos. In Pupille und Colobom befand sich eine dünne, zum Theil durchleuchtbare Schwarte, an der der Pupillarrand mit 2 breiten Synechieen angeheftet war. Patientin sah soviel, dass sie zur Noth allein gehen konnte. Es hätte nur einer einfachen Capsulotomie bedurft, um das schlechte Resultat in ein gutes zu verwandeln. Nachdem die Frau jedoch am anderen Auge, welches gleichfalls Thränenkanalstenose und chronische Conjunctivitis zeigte, unter grösstmöglichsten Cautelen mit sehr gutem Erfolge extrahirt worden war, verzichtete sie auf eine Verbesserung des rechten Auges.

Im 2. Falle hatten wir es mit einer typischen Spätinfection zu thun. Sie betraf ein Auge mit Cataract. brunescens fere matura tremulans, Schlotteriris und hinteren Synechieen. Schon bei der Iridectomie trat Prolaps von flüssigem Glaskörper ein. Der Critschett, der mehrmals eingeführt wurde, versagte, indem die Cataract ihm immer wieder entrollte; erst mit Weber'scher Schlinge gelang es, sie zu extrahiren. Corticalreste blieben zurück; Patient war in der Nachbehandlung sehr unruhig und liess sich einfach gar nichts sagen. Theils diese Unruhe, theils die in sehr reichlicher Menge vorhandenen quellenden Corticalreste bewirkten verlangsamten Wundschluss und Diastase der Wundränder. Am 10. Tage zeigte sich eine Infiltration des Hornhautlappens mit starker Sekretion der Conjunctiva. Es wurde sofort energisch cauterisirt und die Eiterung schritt nicht fort, doch führte die durch die Infection sowohl als durch die Quellung der Corticalreste entfachte Cyclitis an dem ohnehin kranken und äusserst vulnerabeln Auge zu Pupillarverschluss, mit dem man ja bei der Extraction complicirter Staare stets rechnen muss. Hier hat sich der Patient nach allem Schweren, was ihm widerfahren war, nicht mehr sehen lassen. Durch eine Iridotomie wäre sicher ein einigermassen brauchbares Sehvermögen zu erzielen gewesen.

Die sonstigen Störungen des Heilverlaufes, die zu keiner oder nur geringfügigen Störung der Sehkraft führten, bestanden in Iriseinheilung: einmal war nur ein Colobomschenkel in der

Wunde vorgefallen, einmal beide, nachdem sich in Folge starker Delirien die Wunde lange Zeit nicht geschlossen hatte. Zweimal fanden sich stärkere Hornhauttrübungen, die aber völlig zurückgingen und nicht die geringste Störung der Sehkraft bewirkten, 3 mal leichte cyclitische Reizung durch quellende Corticalmassen, die aber höchstens zu leichtem Nachstaar mit mit einzelnen Synechieen führte. Eine schwere Wundsprengung, durch welche sich die ganze vordere Kammer mit Blut füllte, hatte ausser vorübergehender traumatischer Reizung des Auges keine schlimmen Folgen; der Patient bekam $5/6$ Sehschärfe. In einem Falle, führte eine schleichende Iritis serosa zu complicirtem Nachstaar. Nach späterer Ausführung der Capsulotomie mit Pinceciseaux resorbirten sich die Beschläge an der Descemeti vollkommen und die Patientin bekam befriedigende Sehschärfe ($5/18$). Dass es sich in diesem Falle um eine im Körper liegende Disposition handelte, ergab sich daraus, dass die Patientin später an dem nicht operirten Auge an Iritis serosa erkrankte und iridectomirt werden musste. An eine sympathische Affection kann doch wohl kaum gedacht werden. In 85 Fällen verlief die Heilung, wenn wir von geringfügigen Störungen, wie leicht verlangsamtem Wundschluss, leichten traumatischen Hornhauttrübungen, leichter Streifenkeratitis absehen, ganz glatt. Schwere Delirien traten 3 mal auf; 2 mal gingen sie, ohne dass das Auge Schaden genommen hätte, vorüber; das 3. Mal war die Folge davon verlangsamter Wundschluss und Iriseinheilung, deren wir oben bereits Erwähnung gethan haben.

Die Operation wurde stets mit Iridectomie ausgeführt; 82 Operationen verliefen vollkommen schulgemäss; unter diesen gelang es einmal die Cataract mit der Pincette zu extrahiren. Dreimal trat in Folge Anwendung der Kapselpincette leichte Luxation des Kernes ein; er liess sich jedoch jedes Mal leicht reponiren und wurde einmal spontan durch Druck entbunden, 2 mal mit Critschett ohne Glaskörperprolaps extrahirt. Alle 3 Fälle heilten glatt mit guter Sehschärfe. Der Critschett trat ausserdem noch 10 mal in Thätigkeit; 2 mal behufs Auslöffelung der weichen aber zähen Corticalmassen bei Cataract. congenita, 3 mal wegen bedenklichen Schwankens der Patella und wurde dadurch dem Glaskörpervorfall vorgebeugt; 5 mal bei Glaskörperprolaps vor der Entbindung des Kernes; es handelte sich stets um complicirte Staare, und zwar 2 mal um Cataracta accreta mit Verflüssigung des Glaskörpers, 1 mal um einfaches chronisches Glaukom, 1 mal um Cat. tremulans und fast abgelaufenes Glaukom, 1 mal um Myopia excessiva bei einer ganz unverständigen Person. Von diesen heilten 3 ohne jeglichen Anstand. Bei dem Fall von fast absolutem Glaukom ging die Vernarbung der Wunde ausserordentlich langsam vor sich, doch war das Auge stets reizlos. Im 5. Falle kam es zu der bereits erwähnten Spätinfection. In 4 weiteren Fällen von Glaskörpervorfall, jedoch nach Entbindung des Staares, war die Heilung durchweg glatt und die erreichte Sehschärfe gut. Die Kniescheere wurde einmal angewandt.

Zweites Hundert.

Vom 18. Oktober 1889 bis 7. Mai 1890.

Nr.	Name		Alter	Zustand des Auges und des Staares	Tag der Operation	Operation
101	Josefa M.	R.	58	Cat. sen. mat.	18. X.	glatt
102	Georg S.	L.	77	Cat. sen. mat.	23. X.	"
103	" "	R.		Cat. fer. mat.	29. X.	"
104	Anna H.	R.	49	Cat. sen. mat.	23. X.	"
105	Anna Th.	L.	78	Cat. mat.	26. X.	"
106	" "	R.		Cat. hypermat. Amblyopia	2. XI.	"
107	Paulus M.	R.	76	Cat. mat. Conjunctivit. chron.	26. X.	"
108	Crescenz K.	L.	62	Cat. sen. mat.	29. X.	"
109	Ursula H.	R.	62	Cat. sen. mat.	29. X.	"
110	Johann M.	L.	68	Cat. sen. mat.	2. XI.	"
111	Victoria Sch.	L.	78	Cat. fer. mat.	2. XI.	"
112	Bernhard W.	L.	76	Cat. sen. mat.	10. XI.	Corpusprolaps, Critschett
113	Johann St.	L.	62	Cat. sen. mat.	15. XI.	glatt
114	Ludwina Bl.	R.	50	Cat. sen. tum.	17. XI.	"
115	Josefa T.	L.	65	Cat. fer. mat. nucl. Macul. corn.	24. XI.	"
116	" "	R.		Cat. fer. mat. nucl.	30. XI.	"
117	Barbara H.	L.	65	Cat. sen. mat. Epiphora	24. XI.	Corpusprolaps, Critschett, Corti calis bleibt zurück.
118	Mathias H.	R.	64	Cat. sen. mat.	28. XI.	glatt
119	Maria W.	L.	68	Cat. mat.	2. XII.	"
120	" "	L.		Cat. fer. mat.	9. XII.	"
121	Pius P.	L.	52	Cat. senil. tum.	9. XII.	"
122	Anton G.	R.	71	Cat. sen. mat.	10. XII.	"
123	Elisabeth D.	R.	67	Cat. mat. Conj. chronic. Dakryocystostenose	14. XII.	"

1890. München.

Nr.	Name		Alter	Zustand des Auges und des Staares	Tag der Operation	Operation
124	Josef H.	L.	67	Cat. fer. mat.	25. I.90.	glatt (nach unten)
125	Elise M.	L.	62	Cat. sen. fer. mat.	7. II.	glatt
126	" "	R.			19. II.	Critschett, glatt
127	Josef W.	L.	65	Cat. sen. tum.	11. II.	glatt
128	Bartholomäus E.	L.	59	Cat. mat.	20. II.	"
129	Genovefa Gf.	L.	63	Cat. mat.	22. II.	Starke Blutung. Partielle Iridodialyse durch Kapselpincette.
130	Bernhard W.	R.	76	Cat. sen. mat.	22. II.	glatt
131	Elisabeth F.	R.	50	Cat. sen. mat.	25. II.	"
132	Alois O.	R.	78	Cat. sen. mat.	25. II.	glatt, obgleich Pat. sehr unruhig
133	Josefine D.	L.	44	Cat. praesen. mat.	26. II.	glatt
134	Georg G.	L.	72	Cat. hypermat. Conj. chron.	26. II.	"
135	Crescenz B.	R.	66	Cat. fer. mat.	27. II.	"
136	Anna Sch.	R.	67	Cat. fer. mat.	3. III.	"
137	" "	L.			8. III.	"
138	Barbara Gl.	R.	52	Cat. mat.	4. III.	"
139	Josef Sch.	L.	58	Cat. mat. tum.	8. III.	"
140	Gustav G.	R.	62	Cat. tum.	8. III.	"

Zweites Hundert.

ı f	Dauer der Behandlung	Sehschärfe bei der Entlassung	Nachoperation	Endliche Sehschärfe
	19	$5/15$	—	—
	24	$5/10$	—	$5/6$
		$5/6$	—	$5/6$
g	21	$5/10$	—	—
	36	$5/15$	—	—
glatt		$5/50$	reine schwarze Pupille	—
iterisation, pillae	51	—	Juli 90. Leukom. tot. Applanatio corneae	—
hieen	18	$5/15$	—	—
	20	$5/30$	—	—
er Conj.,	27	$5/6$	—	—
ing	28	$5/10$	—	—
	36	—	—	$5/10$
	17	$5/15$	—	$5/10$
2. XII.	24 $5/30$	Jäger 6	Staphylom. postic.	—
bung	29	$5/15$	—	$5/9$
phthalmie,	7	$5/6$	—	$5/6$
		0	—	—
gung	18	—	—	—
I. Insuffitia cordis	14	—	—	—
	13	—	—	—
	12	—	reine schwarze Pupille	—
	16	—	—	—
	19	$5/24$	11. VIII. Discissio	$5/15$
dsprengung	39	$5/10$	—	—
		$5/12$	—	—
	16	—	14 VII. Discissio	$5/5$
ictivitis	17	$5/15$	—	$5/5$
	37	—	16. VII. Discissio (Cystitom)	$5/10$
	16	—	24. VII. Discissio	$5/10$
	16	$5/12$	—	—
izlose Heil-	16	$5/60$	—	—
	16	$5/9$	—	$5/6$
	20	$5/12$	—	—
	16	$5/30$	10. VI. Discissio	$5/9$
	28	—	—	—
	19	$5/15$	—	—
	15	$5/10$	—	—
	15	$5/20$	—	—
	15	$5/15$	—	$5/5$

Zweites Hundert.

Nr.	Name		Alter	Zustand des Auges und des Staares	Tag der Operation	Operation
141	Johann J.	L.	75	Cat. mat.	10. III.	glatt
142	" "	R.		Cat. hypermat.	18. III.	glatt, Linse tritt in der Kapsel au
143	Maria M.	R.	62	Cat. mat.	12. III.	Kern leicht luxirt, Critschett, leichter Glaskörperprolaps
144	Rosina B.	L.	84	Cat. mat.	14. III.	glatt
145	Mdme de St. J.	L.	?	Cat. mat.	17. III.	glatt, Sphincter bleibt stehen
146	Marc. H.	R.	75	Cat. mat.	18. III.	glatt
147	Amalie L.	R.	45	Cat. Morgagni	21. III.	„
148	Georg M.	R.	63	Cat. mat.	21. III.	„
149	Josef H.	R.	40	Cat. praesen. mat.	22. III.	„
150	Crescenz K.	L.	77	Cat. mat.	24. III.	„

Meran.

151	Philom. K.	R.	48	Cat. traum. aridosiliq.	7. IV.	„
152	Maria Gf.	R.	54	Cat. sen. mat.	9. IV.	„
153	Josef D.	L.	69	Cat. sen. mat.	10. IV.	„
154	Anna H.	L.	64	Cat. sen. mat.	12. IV.	„
155	Elisabeth N.	R.	61	Cat. mat.	12. IV.	glatt, Pat. sehr unruhig, keine Toilette
156	Elisabeth Th.	R.	66	Cat. hypermat.	12. IV.	glatt
157	Alois E.	L.	40	Cat. aridosiliq. compl.	13. IV.	Critschett, glatt
158	„ „	R.		Cat. immatur.	19. IV.	Critschett, glatt
159	Josef F.	L.	69	Cat. mat.	14. IV.	glatt in Narkose
160	Gertrud M.	R.	50	Cat. mat. Colob. praep.	15. IV.	glatt
161	Baptist Z.	R.	65	Cat. mat.	16. IV.	„
162	Anna P.	L.	66	Cat. sen. tum.	17. IV.	„
163	Maria F.	R.	61	Cat. mat. tum.	17. IV.	„
164	„ „	L.		Cat. mat. tum.	21. IV.	„
165	Josef H.	R.	75	Cat. nuclearis.	17. IV.	„
166	Margaretha W.	L.	70	Cat. sen. mat.	18. IV.	„
167	„ „	R.		Cat. sen. mat.	23. IV.	„
168	Josef G.	L.	65	Cat. nuclearis.	21. IV.	„
169	Maria F.	R.	65	Cat. sen. mat.	21. IV.	„
170	Crescenz G.	L.	59	Cat. mat. tum.	22. IV.	„
171	„ „	R.			27. IV.	„
172	Christian D.	L.	67	Cat. fer. mat. tum.	22. IV.	Schnitt, Iridectomie, Kapselöffnung zugleich, Entbindung spontar
173	„ „	R.		Cat. mat.	26. IV.	glatt
174	Katharina M.	L.	58	Cat. mat. Morgagniana	24. IV.	Critschett, Corpusprolaps
175	Maria P.	L.	64	Cat. mat.	24. IV.	glatt
176	Ursula Zw.	L.	69	Cat. sen. mat.	24. IV.	„
177	Kunig. P.	R.	63	Cat. sen. mat.	24. IV.	„
178	Anton W.	R.	78	Cat. sen. mat.	24. IV.	„
179	„ „	L.			30. IV.	„
180	Johann M.	R.	81	Cat. fer. mat.	25. IV.	„
181	Georg N.	R.	70	Cat. hypermat.	26. IV.	„

sverlauf	Dauer der Behandlung	Sehschärfe bei der Entlassung	Nachoperation	Endliche Sehschärfe
itt	20	$5/10$	—	—
		$5/15$		
achstaar	45	—	—	—
stark verlangsamter Cyclitis chron.	26	—	1891 Januar Discissio	$5/30$
itt	12	—	Discissio 31. VIII.	$5/15$
"	18	—	—	
"	18	—	—	$5/9$
"	16	—	Discissio 22. VIII. Ausgedehnte Chorioiditis disseminat.	Fing. in 1 m
"	13	—		—
"	12	—	V. nach mündl. Erkundigung nach einem Jahr so gut, dass Pat. keine Brille will	—
"	9	Finger in 2 m	Nachstaar —	—
"	15	$5/5$	—	—
"	15	$5/20$	—	—
"	17	$5/5$	—	$5/5$
orticalreste iritische Reizung	19	—	14. V. 90 Discission	$5/6$
att	16	$5/9$	—	$5/9$
"	17	—	Beiderseits reine Pupille Ablatio retinae	—
"	14	$5/10$	—	—
"	16	$5/12$	—	$5/5$
"	13	$5/20$	Discission: Glaskörpertrübungen	$5/20$
"	19	$5/10$	—	—
"	20	$5/12$	—	—
"		$5/6$		
"	15	$5/24$	—	—
"	20	$5/12$	—	—
"		$5/10$		
"	14	$5/10$	—	$5/5$
"	15	$5/10$	—	$5/10$
"	15	$5/30$	Corticalreste	—
"		$5/50$		
"		$5/6$	—	$5/4$
"	17			
"		$5/15$	—	$5/5$
"	14	Finger in 5 m	Nachstaar Discission: 11. V. 90	
"	19	$5/18$		$5/9$
"	13	$5/12$	—	—
"	11	$5/30$	—	$5/10$
"	23	$5/18$	—	—
"	?	$5/18$	—	—
"		$5/10$		
"	15	—	Discission V. ?	—

Zweites Hundert.

Nr.	Name		Alter	Zustand des Auges und des Staares	Tag der Operation	Operation
182	Johanna Sp.	R.	63	Cat. mat.	26. IV.	glatt
183	Anna E.	R.	59	Cat. sen. mat.	27. IV.	„
184	Johann M.	L.	81	Cat. fer. mat.	28. IV.	„
185	Leonhard H.	L.	76	Cat. mat.	28. IV.	„
186	Barbara Sch.	R.	53	Cat. sen. mat.	29. IV.	„
187	Johann M.	R.	72	Cat. traum. tum. Glaucom. sec.	28. IV.	Kniescheere, Corticalreste bleiben zurück
188	Anna D.	L.	67	Cat. mat.	29. IV.	glatt
189	Walpurga St.	L.	70	Cat. mat.	30. IV.	„
190	Josef P.	L.	62	Cat. mat.	30. IV.	„
191	Franz E.	R.	41	Cat. praes. mat.	1. V.	„
192	Sylvester H.	R.	70	Cat. mat.	1. V.	„
193	Josef B.	R.	74	Cat. sen. mat.	1. V.	„
194	Rosa L.	R.	41	Cat. mat. adhaerens.	1. V.	„
195	Theresia Pl.	R.	76	Cat. tum.	2. V.	„
196	Maria N.	R.	82	Cat. hypermat.	2. V.	„
197	Maria Sch.	R.	70	Cat. mat. adhaerens.	6. V.	Cataract in der Kapsel extrahirt
198	Andreas F.	R.	64	Cat. fer. hypermat.	7. V.	glatt
199	Michael P.	R.	66	Cat. mat.	7. V.	„
200	Rosa M.	R.	52	Cat. mat.	7. V.	glatt in Narkose

Zweites Hundert.

Heilungsverlauf	Dauer der Behandlung	Sehschärfe bei der Entlassung	Nachoperation	Endliche Sehschärfe
ndsprengung, Kapseleinklemmung, cyclitische Reizung	13	—	Nach briefl. Bericht gute Sehschärfe	—
glatt	12	—	28. V. 90 Discission	$5/16$
„	?	$5/12$	—	
glatt trotz starker Conjunctivitis	24	—		
glatt	15	$5/6$	1891 Discission	$5/10$
„	39	—	Pat. geht allein, während er blind gekommen war	—.
„	15	$5/5$	—	
„	15	$5/18$	Glaskörpertrübungen, 1892 Discission	$5/50$
„	15	$5/5$	—	—
„	13	$5/5$	1891 Discission	$5/6$
„	13	$5/50$	—	$5/5$
„	16	$5/50$	27. V. 90 Discission	$5/12$
glatt, Nachstaar	14	$\frac{1}{\infty}$	wie vorher: dichte Glaskörpertrübung	—
glatt	22	$5/6$	—	—
„	?	$5/50$	1891 Discission	$5/20$
„	?	$\frac{1}{\infty}$	Ablatio retinae	
„	?	—	Discission 9. IV. 91	$5/10$
„	21	$5/6$	Discission 91	$5/6$

Wir haben in dieser Serie vollen Erfolg zu verzeichnen in 97 Fällen. Die Sehschärfe betrug $^5/_5$ und $^5/_6$ in 23 Fällen, $^5/_9$ und $^5/_{10}$ in 22, $^5/_{12}$, $^5/_{15}$ und $^5/_{18}$ in 18, $^5/_{20}$, $^5/_{24}$ und $^5/_{30}$ in 9 Fällen. Im Ganzen also 72. In 12 Fällen wurde keine Sehprobe gemacht, zum Theil lag Nachstaar vor, zum Theil waren die Patienten noch nicht so vollkommen geheilt, dass eine Sehprobe möglich gewesen wäre, als die Thätigkeit verlegt wurde — die Serie vertheilt sich auf Tegernsee, München und Meran — bei Allen aber war die Heilung soweit gediehen, dass man bestimmt von gutem Erfolge sprechen kann.

Eine doppelseitig Operirte, deren Augen prachtvoll geheilt waren, starb am Tag vor der Entlassung ganz plötzlich an Insufficientia cordis. Die Section ergab Fettherz und Herzmuskeldegeneration.

In 4 Fällen, welche ohne Verbesserung der Sehschärfe entlassen wurden, lagen schwere Complicationen vor (3 mal Ablatio retinae, 1 mal totale Glaskörperverdichtung), welche trotz denkbar bester Heilung ein Sehen unmöglich machten. In allen diesen Fällen wurde nur auf dringenden Wunsch der Patienten, ohne irgend welche Hoffnung auf Erfolg operirt.

Auch in allen Fällen, in welchen V. $< {}^5/_{30}$ war und zwischen $^5/_{50}$ und Erkennen von Finger in 1 m. schwankte, war die Erklärung für diese verhältnissmässig ungünstige Sehschärfe in Nachstaar oder sonstigen Complicationen gegeben. Nachstaar, der durch Discission leicht zu beseitigen gewesen wäre, lag 4 mal vor; ferner 1 mal Atrophia chorioideae, 1 mal Opacitates corporis vitrei, 1 mal Amblyopia congenita.

Diesen 97 fraglos guten Resultaten reiht sich ein Fall an, in welchem es in Folge von Wundsprengung und dadurch bedingter Kapseleinheilung zu langandauernder leichter Cyclitis kam. Das Auge befand sich bei der Entlassung noch im Reizzustande; es bestand leichte Trübung des Kammerwassers, doch war die Pupille rein, der Pupillarrand frei. Wie briefliche Erkundigung ergab, hat sich die Reizung mit der Zeit ganz gegeben und war die Patientin mit dem Sehen zufrieden. Verluste waren 2 zu beklagen.

Der erste betraf einen ausserordentlich verkommenen, schmutzigen 76 jährigen Landstreicher, dessen Auge sich trotz vorheriger längerer Quarantäne und reinigender Behandlung nicht ganz reinigen wollte. Die Operation verlief ganz glatt, ebenso der erste Tag der Nachbehandlung, sodass beim 1. Verbandswechsel das Auge einen hoffnungsvollen Eindruck machte, es bestand nur ganz geringe unschuldige Sekretion. In der Nacht darauf jedoch bekam der Patient maniakalische Delirien, reisst sich trotz aller Gegenwehr der wachenden Schwester mehrmals den Verband ab, greift sich in's Auge und reibt daran. Am Morgen zeigt sich leichtes Hypopyon und leichte Infiltration des Hornhautlappens. Es wird sofort trotz Sträubens des verwirrten Patienten die ganze Wunde in der Breite von 3 mm cauterisirt und die vordere Kammer punctirt. Abends wird diese Cauterisation an einigen noch verdächtigen Stellen wiederholt, obgleich Patient rast und um sich schlägt. Das Auge wird dann Tag und Nacht 2 stündlich verbunden, die Wunde jedesmal mit Sublimat 1 : 1000 betupft. Am 4. Tag nach der Operation war die Infection als gehoben zu betrachten. Die Sekretion war verschwunden, die Kammer geschlossen und rein. Obgleich ihm nun alle möglichen Freiheiten gelassen wurden, wurde Patient nicht vernünftiger und zog sich noch 3 mal durch diesen Unverstand Wundsprengung zu, die zu stärkerer Vorderkammerblutung führte. Unter mässiger cyclitischer Reizung ging die Vernarbung des in der Breite von 3—4 mm cauterisirten Cornealsegmentes langsam aber glatt vor sich und wurde Patient mit Synicesis und Seclusio pupillae aber vollkommen guter Projection entlassen und zur Iridotomie wiederbestellt. Die untern 2 Drittel der Cornea waren vollkommen klar. Als er sich aber nach Verlauf eines halben Jahres wieder einfand, zeigte das Auge totale leukomatöse Trübung, sowie

Abflachung der Hornhaut und war eine Nachoperation unmöglich.

Dieser Fall dürfte wohl kaum auf das Schuldconto des Operateurs oder einer der sonst behandelnden Personen fallen. Der Kranke hatte den Misserfolg lediglich sich selbst zuzuschreiben und hat das, nachdem er wieder zu Verstand gekommen war, auch vollkommen eingesehen.

Bei dem 2. Verluste dagegen muss die Schuld in der Operation, sowie in einem Versehen bei der Vorbereitung gesucht werden; der Operation insofern, als starker Glaskörperprolaps eintrat. Schon am nächsten Tage zeigt sich so weitgehende eitrige Infiltration der Cornea, sowie des Glaskörpers, dass an eine Hülfe durch Cauterisation gar nicht zu denken war. Der Infection war durch die Eröffnung des Glaskörpers Thor und Thür geöffnet. Schon am 3. Tage bestand floride Panophthalmie und wurde daher wegen der heftigen Schmerzen sofort die Enucleation vorgenommen. Wie sich nach erfolgter Heilung zeigte, handelte es sich um Stenose des Thränennasenkanals und latente Dakryocystitis. Das Druckmanöver hatte zur Constatirung dieses Leidens nicht genügt, das leichte Thränen war nicht berücksichtigt und daher ein Versuch der Durchspritzung des Sackes — eine Manipulation, die damals noch nicht durchgängig vorgenommen wurde — versäumt worden, ein Versäumniss, das sich schwer gerächt hat. Seit dieser Zeit wird bei jedem Auge mit Cataract, die zur Operation kommt, ohne Unterschied die Durchspritzung vorgenommen.

Ausser diesen 3 Fällen haben wir noch einer schwereren Störung des Heilverlaufes Erwähnung zu thun. Es handelte sich um eine 80 jährige Münchener Pfründnerin — wir erwähnen diesen Umstand deswegen, weil auffallend häufig gerade bei alten Münchnerinnen, die offenbar an ein starkes Quantum Bier gewöhnt sind, sich Delirien einstellen — bei welcher in Folge von schweren maniakalischen Delirien der Hornhautschnitt sich lange Zeit nicht schloss, die Kapsel einheilte und eine schleichende Cyclitis sich entwickelte, welche zu complicirtem Nachstaar führte; es wurde jedoch durch eine einfache Discission mit Sichelmesser zufriedenstellende Sehschärfe ($^5/_{30}$ Jäger 7) erreicht.

Die sonstigen Complicationen der Heilung bestanden in leichter Iritis (2 mal), schwerer Wundsprengung (3 mal), starker Hornhauttrübung (4 mal), starker Sublimatreizung der Conjunctiva (1 mal). Alle diese Störungen hatten auf das Endresultat keinerlei Einfluss. Vor allem sei darauf hingewiesen, dass die schweren Wundsprengungen, die mit starker Vorderkammerblutung einhergingen, nicht im mindesten schädigend wirkten.

Vollkommen glatte Heilungen wurden in 86 Fällen erzielt. Ausser den 2 schon besprochenen Fällen von delirirenden Kranken, traten Delirien noch einmal auf, ohne aber auf den Heilverlauf störend einzuwirken.

Die Operation, welche stets mit Iridectomie combinirt wurde, verlief in 91 Fällen glatt. Von diesen sei nur einer Operation Erwähnung gethan, bei welcher in Folge vorzeitigen Abflusses des Kammerwassers die Iris in's Messer fiel und nicht nur diese mit ausgeschnitten, sondern auch die Kapsel mit eröffnet wurde, sodass auf leichten Druck mit fixirender Pincette die Cataract in toto austrat, sodass die Extraction gleichsam in einem Zuge mit nur 3 Instrumenten — Lidhalter, Fixirpincette und Messer — vollzogen war. Die Sehschärfe übertraf trotz des sehr breiten Coloboms noch die des anderen Auges, das mit schmalem Colobom operirt war. Die Pupillen waren beiderseits gleich rein. Dieses hatte nämlich nur $^5/_5$, jenes aber $^5/_4$ Sehschärfe.

Die Kniescheere musste einmal in Function treten; der Critschett 7 mal, darunter 4 mal wegen Glaskörpervorfalls; abgesehen von dem einen Fall, in welchem Panophthalmie eintrat, verlief die Heilung allemal glatt und wurde gutes Endresultat erzielt.

Wir müssen hier noch eines Operationszwischenfalles gedenken, der durch die Kapselpincette herbeigeführt wurde. In Folge starker Wund- und Irisblutung hatte sich die Kammer mit Blut gefüllt; es liess sich daher die Führung der Kapselpincette schlecht controllieren und wurde die Iris aussen mitgefasst und die ganze äussere Hälfte am Ciliaransatz abgerissen. Die Entbindung des Staars erfolgte ohne Anstand. Die Heilung war durch langdauernde traumatisch-cyclitische Reizung verzögert. Das reichlich in die vordere Kammer ergossene Blut resorbirte sich sehr langsam. Nachdem man die Verhältnisse übersehen konnte, zeigte sich, dass das abgerissene, unten mit der in normaler Lage befestigten Iris in Verbindung stehende Irisband sich in die Mitte geschoben hatte und so die Pupille, die normale und die durch die Iridodialyse gebildete, aussen liegende, halbirte. Beide Theile der Pupille waren mit Nachstaar erfüllt. Durch eine glücklich ausgefallene Nachoperation wurde jedoch dieses unschöne Resultat in ein gutes Sehresultat verwandelt. Es wurde mit der Lanze von aussen ein Cornealschnitt angelegt, das centralliegende Irisband mit Kapselpincette vorgezogen und abgeschnitten. Da das Pigmentblatt haften blieb, wurde mit Cystitom hier die Patella eröffnet, welche sich vordrängend den Spalt zu einer schönen runden centralen Pupille erweiterte. Der aussen gelagerte dichte Nachstaar ersetzte die hier fehlende Iris. Die Sehschärfe war $= {}^5/_{10}$: Jäger 3.

Drittes Hundert.

Vom 8. Mai 1890 bis 19. August 1890.

Drittes Hundert.

Nr.	Name		Alter	Zustand des Auges und des Staares	Tag der Operation	Operation
201	Rosa M.	L.	52	Cat. fer. mat.	11. V.	glatt in Narkose
202	Therese Pl.	L.	76	Cat. sen. mat.	8. V.	glatt
203	Franz Bl.	R.	65	Cat. hypermat.	8. V.	Corpus, Critschett
204	Maria M.	L.	65	Cat. sen. complic. adhaer. Cyclitis levissima	10. V.	leichter Prolaps von verflüss: Corpus
205	„ „	R.			14. V.	Critschett
206	Crescenz D.	R.	59	Cat. maturisata. Colobom. praep.	10. V.	glatt, Corticalis bleibt zurü
207	Alois M.	L.	78	Cat. fer. mat.	11. V.	glatt, Corticalis bleibt zurü
208	Maria X.	L.	79	Cat. sen. mat.	13. V.	glatt
209	Anna V.	L.	63	Cat. sen. mat.	13. V.	„
210	Crescenz Sch.	L.	75	Cat. maturisata. Colobom. praep.	17. V.	„
211	Walpurga G.	L.	57	Cat. maturisata. Colobom. praep.	22. V.	„
212	Alois W.	R.	70	Cat. immat. capsularis	23. V.	-
213	Christian W.	L.	52	Cat. sen. mat.	29. V.	„
214	Josef B.	L.	77	Cat. sen. mat.	31. V.	„
215	Anna H.	R.	64	Cat. sen. mat.	16. V.	Corpusprolaps, Critschett
216	Josef E.	R.	42	Cat. praes. fer. mat.	16. V.	Narkose, Critschett
	Tegernsee.					
217	Johann Sch.	L.	51	Cat. fer. mat.	11. VI.	glatt
218	Anna G.	L.	55	Cat. sen. tumescens	11. VI.	„
219	Mechthilde G.	L.	63	Cat. sen. mat.	12. VI.	„
220	Franz P.	L.	72	Cat. sen. tum.	13. VI.	„
221	Georg Sch.	R.	40	Cat. praesen. mat.	14. VI.	„
222	Georg B.	L.	64	Cat. mat.	16. VI.	„
223	Anna L.	R.	73	Cat. hypermat.	16. VI.	„
224	„ „	L.		Cat. mat.	25. VI.	„
225	Josef Gl.	R.	66	Cat. sen. mat.	17. VI.	„
226	Anna M.	R.	77	Cat. hypermat.	17. VI.	„
227	„ „	L.		Cat. mat.	24. VI.	„
228	Josef L.	L.	69	Cat. sen. mat.	18. VI.	„
229	Frau von M.	L.	70	Cat. sen. mat.	18. VI.	„
230	Juliane J.	R.	65	Cat. fer. mat.	19. VI.	„
231	Elisabeth F.	R.	62	Cat. sen. tum.	19. VI.	„
232	Anna F.	L.	69	Cat. sen. tum.	20. VI.	„
233	Xaver B.	L.	67	Cat. sen. mat.	20. VI.	„
234	„ „	R.		Cat. fer. mat.	30. VI.	„
235	Ursula H.	R.	51	Cat. sen. mat.	23. VI.	„
236	„ „	L.		Cat. fer. mat.	30. VI.	„
237	Franziska St.	L.	61	Cat. sen. mat.	26. VI.	„
238	Anton L.	R.	69	Cat. sen. mat.	27. VI.	„

Drittes Hundert.

Heilungsverlauf	Dauer der Behandlung	Sehschärfe bei der Entlassung	Nachoperation	Endliche Sehschärfe
glatt	21	$5/_6$	1891 Mai Discissio	$5/_6$
„	22	$5/_6$	—	—
„	14	$5/_{30}$	—	—
Wundheilung, Pupille verschliesst vieder in Folge der bestehenden Entzündung	?	—	zur Iridotomie bestellt	—
.att, uncomplicirt. Nachstaar	?	—	—	—
glatt, Nachstaar	?	—	1891	$5/_{10}$
glatt	?	Finger in 5 m	Glaucoma chronicum	—
„	17	$5/_{10}$	—	—
calreste bedingen langdauernde Reizung	?	—	Cat. sec. complic., zur Iridotomie geeignet	Fing. in 3 m
glatt	15	—	—	$5/_{10}$
prengung, schwere acute plastische Iridocyclitis	18	—	2. VI. 91 Iridotomie	$5/_{60}$
glatt	10	—	—	—
„	12	—	13. IV. 91, Temporaler Irisschenkel in die Wunde eingeheilt	Fing. in 4 m
leichte chronische Cyclitis	18	—	discidirbarer Nachstaar	$5/_{30}$
glatt	21	—	Discissio 16. IV. 91	$5/_{15}$
„	15	$5/_{10}$	—	$5/_9$
„	22	$5/_{36}$	26. VIII. 90 Discissio	$5/_{10}$
Wundheilung, leichte Zerrungscyclitis	40	—	—	$5/_{18}$
glatt	16	$5/_{50}$	Pupille rein, blasse Papille	—
„	15	$5/_{10}$	—	$5/_6$
clitis acuta plastica am 6. Tage beginnend	34	$5/_{50}$	Cat. secund. complic.	—
glatt	39	$5/_{36}$	—	—
reste bedingen leichte cyclitische Reizung	39		—	—
att, leichte Hornhauttrübung	24	$5/_{15}$	—	$5/_{10}$
glatt	39	$5/_{15}$	—	—
Wundsprengung und Irisprolaps reizlose Heilung			—	—
;latt, 5. VII. 90. Discissio	20	$5/_9$	—	—
glatt	18	$5/_9$	—	$5/_6$
„	25	$5/_{12}$	—	$5/_6$
cyclitische Reizung durch Einng von Corticalis in die Wunde	25	$5/_{15}$	4. X. 90 Discissio	$5/_6$
glatt	21	$5/_6$	—	$5/_6$
„	33	$5/_6$	—	—
„		$5/_{20}$	—	—
„	26	$5/_6$	—	$5/_6$
„		$5/_3$	—	$5/_3$
„	21	$5/_{20}$	—	—
„	17	$5/_{10}$	—	$5/_6$

Drittes Hundert.

Nr.	Name		Alter	Zustand des Auges und des Staares	Tag der Operation	Operation
239	Marianne S.	R.	68	Cat. sen. mat.	27. VI.	glatt
240	Johann B.	L.	15	Cat. aridosiliq. complic. Myopia	27. VI.	glatt in Narkose, Linse mit K pincette extrahirt.
241	Anna P.	R.	56	Cat. sen. mat. Maculae corn.	28. VI.	glatt
242	Ursula S.	L.	70	Cat. sen. mat.	28. VI.	„
243	Josef K.	L.	81	Cat. hypermat.	30. VI.	„
244	Ursula L.	L.	68	Cat. hypermat.	1. VII.	„
245	„ „	R.		Cat. fer. mat.	8. VII.	„
246	Franziska D.	L.	54	Cat. sen. fer. mat.	1. VII.	„
247	„ „	R.			5. VII.	„
248	Johann H.	L.	68	Cat. sen. mat.	2. VII.	„
249	Crescenz K.	R.	56	Cat. tumescens	2. VII.	„
250	Katharina M.	R.	75	Cat. sen. mat.	2. VII.	„
251	„ „	L.		Cat. mat. Dakryocystitis	15. VII.	glatt, Thränenwinkel mit J formgaze ausgestopft
252	Karolina Sch.	L.	80	Cat. mat.	3. VII.	glatt
253	Theres. B.	R.	66	Cat. sen. mat.	3. VII.	„
254	Maria W.	R.	60	Cat. sen. mat.	3. VII.	„
255	Heinrich W.	R.	66	Cat. sen. mat.	4. VII.	„
256	Anna L.	L.	72	Cat. sen. mat.	4. VII.	„
257	Kath. P.	L.	13	Cat. mat.	4. VII.	glatt in Narkose
258	Anna Th.	L.	47	Cat. mat. Colob. praep.	5. VII.	glatt
259	Walpurga D.	L.	71	Cat. sen. mat.	7. VII.	„
260	„ „	R.			11. VII.	„
261	Anna S.	R.	66	Cat. sen. mat.	7. VII.	„
262	„ „	L.			14. VII.	„
263	Josef D.	L.	66	Cat. sen. mat.	8. VII.	„
264	„ „	R.			25. VII.	„
265	Theres. P.	R.	52	Cat. mat.	9. VII.	„
266	Josef G.	L.	80	Cat. hypermat.	9. VII.	„
267	Johann E.	R.	63	Cat. sen. mat.	10. VII.	„
268	Elisabeth Sch.	L.	60	Cat. mat.	11. VII.	„
269	Georg H.	L.	35	Cat. cystic. complic.	10. VII.	Critschett, glatt
270	Elisabeth E.	R.	72	Cat. sen. mat.	15. VII.	glatt
271	Josef Gr.	L.	57	Cat. sen. mat.	16. VII.	„
272	Karoline N.	R.	75	Cat. sen. mat.	17. VII.	„
273	„ „	L.		Cat. fer. mat.	29. VII.	„
274	Jakob A.	L.	70	Cat. mat.	19. VII.	„
275	Alois W.	L.	66	Cat. capsul. Leuk. centr.	19. VII.	glatt nach unten
276	Marcanton H.	R.	77	Cat. mat.	20. VII.	glatt
277	Maria Josefa M.	R.	71	Cat. sen. mat.	22. VII.	„
278	„ „ „	L.			28. VII.	„
279	Rosina N.	L.	54	Cat. mat.	22. VII.	„
280	Margaretha H.	R.	74	Cat. fer. mat.	22. VII.	„

Heilungsverlauf	Dauer d. Behandl.	bei der Entlassung	Nachoperation	Endliche Sehschärfe
glatt	17	$5/9$	—	$5/5$
glatt, schwarze Pupille	16	$1/\infty$	Dichte Trübung des Glaskörpers	—
tt, Auge lange Zeit empfindlich	22	—	4. X. Discissio	Fing. in 4 m
glatt	23	$5/15$	21. VIII. Discissio	$5/10$
glatt, 22. VII. Discissio	31	$5/6$	—	—
glatt	28	$5/10$	—	$5/6$
„		$5/10$	—	$5/10$
„	28	$5/6$	—	$5/6$
„		$5/6$	—	$5/5$
„	16	$5/6$	—	—
„	16	$5/10$	—	$5/6$
„	40	$5/10$	—	$5/10$
„		$5/10$	—	$5/10$
latt, trotz Delirien, Nachstaar	22	$5/50$	—	—
glatt	17	$5/15$	—	$5/10$
„	17	$5/15$	11. IX. Discissio	$5/6$
„	28	$5/10$	—	$5/16$
„	21	$5/6$	—	—
„	31	$5/6$	8. VII. 91 Discissio	$5/5$
alreste bedingen leichte cyclitische zung, Descemeti von der Iridect. '. her leicht getrübt, bei der Entsung Auge reizlos, Pupille rein	65	—	—	—
glatt	34	$5/15$	23. IX. 90 Discission	$5/10$
sprengung, Kapselanlöthung, reizlose Heilung		$5/10$	glaukomat. Drucksteigerung	$5/10$
glatt	26	$5/20$	—	—
„		$5/20$	—	—
„	36	$5/6$	—	—
Keratitis striata, sonst glatt		$5/10$	—	—
glatt	21	$5/9$	—	—
Hornhauttrübung, Wundsprengung reizlose Heilung	21	$5/34$	—	—
glatt	19	$5/15$	31. VIII. Discissio	$5/6$
„	19	$5/10$	—	$5/10$
„	14	$5/18$	—	$5/10$
„	16	$5/15$	—	$5/6$
„	17	$5/6$	—	$5/6$
en, Wundsprengung, reizlose Heilung	28	$5/10$	—	—
glatt		$5/15$	—	—
„	19	$5/10$	—	—
ose Heilung, Kapselanheilung an die Narbe	18	Finger in 4 m	im Winter Influenza, „starke Entzündung des Auges" [acutes Glaukom]	0
glatt	21	$5/6$	—	$5/5$
„	25	$5/10$	—	$5/6$
„		$5/6$	—	$5/8$
„	18	$5/5$	—	—
„	22	$5/10$	—	—

Drittes Hundert.

Nr.	Name		Aller	Zustand des Auges und des Staares	Tag der Operation	Operation
281	Magdalena Sch.	L.	55	Cat. mat. accreta.	23. VII.	glatt
282	Friedrich P.	R.	77	Cat. hypermatura	24. VII.	"
283	Maria Z.	R.	61	Cat. capsul. fer. mat.	24. VII.	"
284	Elis. R.	L.	74	Cat. sen. mat.	12. VII.	glatt, Bulbus wird unter der Operation sehr hart
285	" "	R.			24. VII.	Am Schluss leichter Corpusprolap
286	Rosa V.	L.	66	Cat sen. mat.	26. VII.	glatt
287	Theres. K.	L.	9 M	Cat. congenita cystica	26. VII.	glatt in Narkose, Cataract mit Kapselpincette extrahirt
288	" "	R.			13.VIII.	glatt in Narkose
289	Walpurga A.	R.	60	Cat. sen. mat.	28.VIII.	glatt
290	Franziska K.	L.	63	Cat. sen. mat.	29.VIII.	"
291	" "	R.			11.VIII.	"
292	Josef S.	L.	62	Cat. fer. mat.	29.VIII.	"
293	Maria H.	R.	66	Cat. sen. tum.	29.VIII.	"
294	Elisabeth A.	L.	60	Cat. sen. mat.	11.VIII.	"
295	" "	R.			16.VIII.	"
296	Ignaz W.	L.	63	Cat. sen. mat.	12.VIII.	"
297	Michael G.	L.	57	Cat. sen. mat.	12.VIII.	"
298	Johann K.	L.	45	Cat. mat. Colob. iridis. cong. Dakryocystitis.	12.VIII.	6 Tage vorher Exstirpatio sacci lacrim. Critschett, glatt
299	Anna K.	R.	63	Cat. sen. mat.	12.VIII.	glatt, am Schluss etwas Corpus
300	" "	L.			19.VIII.	glatt

Heilungsverlauf	Dauer der Behandlung	Sehschärfe bei der Entlassung	Nachoperation	Endliche Sehschärfe
Wundheilung, Auge lange Zeit empfindlich, Pupille rein	26	Finger in 1 m	Glaskörpertrübungen	
glatt	19	$5/50$	Glaucom. chronic.	—
„	13	Finger in 3 m	Opacitat. corp. vitr.	—
glatt, Discissio 31. VIII.	83	$5/15$	Glaucom chronic.	—
latt, Extract. cat. sec. 18. IX.		$5/30$		
glatt	17	$5/10$	—	$5/10$
„	48	—	Beiderseits reine schwarze Pupille	—
„	16	$5/10$	—	—
„	35	$5/6$	—	—
„		$5/10$		
„	18	$5/10$	—	—
„	16	$5/6$	—	$5/5$
„	32	$5/30$	—	—
„	17	$5/10$	—	—
„		$5/5$		
otz starker eitriger Conjunctivitis	27	$5/10$	—	—
glatt	36	Finger in 1 m	reine Pupille, Papilla alba	—
leichte cyclitische Reizung	26	$5/15$	.	—
glatt		$5/10$	—	—

Die vorliegende Serie kann als eine ausserordentlich glückliche bezeichnet werden, indem ein primärer Verlust nicht zu beklagen war. Die erreichte Sehschärfe betrug bei 32 Operirten $5/5$ und $5/6$, bei 28 $5/9$ und $5/10$, bei 6 $5/15$ und $5/19$, bei 9 $5/20$, $5/24$ und $5/30$. Trotz guter Wundheilung wurde in 3 Fällen wegen schwerer innerer Complicationen keine Verbesserung der Sehschärfe erreicht: Die Complicationen bestanden in Seclusio pupillae (2 mal) und dichter Glaskörpertrübung (1 mal). Gutes Operations- und Heilresultat wurde ferner auch erzielt in 9 Fällen, in denen die Sehschärfe unter $5/30$ blieb und zwischen $5/36$ und Finger in 1 m schwankte. Die Complicationen, welche diese schlechtere Sehschärfe bedingten, bestanden 2 mal in einfachem Nachstaar, 2 mal in Atrophia nerv. optici, 2 mal in Glaucoma chronicum, 2 mal in Opacitates corporis vitrei, 1 mal in Maculae corneae. In 6 Fällen wurde die Sehprobe entweder versäumt oder wegen Nachstaar's absichtlich unterlassen. Alle waren gut geheilt, haben sich aber nicht wieder sehen lassen.

Wir zählen somit 93 gute Erfolge.

Ich möchte nur auf 3 von diesen näher aufmerksam machen. Es wurde nämlich einmal bei bestehender Dakryocystitis operirt. Die Exstirpation des Thränensackes wurde von den Verwandten nicht erlaubt, da dazu Narkose nöthig gewesen wäre, welche wegen des hohen Alters der Patientin nicht gewünscht wurde. Unterbindung der Thränenröhrchen war nicht möglich, da bereits geschlitzt war. Sondirungen und Ausspritzungen erzielten keine Besserung. Es wurde daher nach Ausspülung des Sackes die Operation vorgenommen, dann der Thränenwinkel ausgiebig mit Jodoform und Jodoformgaze ausgestopft und mehrmals täglich verbunden. Der skleral angelegte Schnitt schloss sich primär und die Heilung ging glatt vor sich.

In einem 2. Fall war es nach glatt verlaufener Extraction im Verlaufe der Heilung zu Wundsprengung mit Kapseleinheilung gekommen. Zu einer Reizung hatte der Zwischenfall weiter keinen Anlass gegeben. Nach einigen Monaten kam die Patientin, wie bestellt, zur Nachoperation; es zeigte sich nun an diesem Auge eine leichte Trübung des Parenchym's und Stichelung des Epithels der Cornea und Drucksteigerung, also Status glaucomatosus. Durch Spaltung der hintern Kapsel wurde zugleich der Nachstaar beseitigt und die Zerrung, welche offenbar den Zustand hervorgerufen hatte, aufgehoben. Die Patientin konnte mit S. $^5/_{10}$ entlassen werden.

Eine ganz besonders freudige Ueberraschung bereitete ein 3. Fall. Er betraf einen 35jährigen Tyroler, der vor Jahren lange Zeit wegen Netzhautablösung und Glaskörpertrübungen in Innsbruck in Behandlung gewesen war. Auch die Punction der Ablösung war vorgenommen worden, Patient aber dann, da eine Besserung nicht erzielt werden konnte, mit dichten Glaskörpertrübungen und Herabsetzung der Sehschärfe auf quantitative Lichtempfindung entlassen worden. Jetzt hatte sich eine etwas geschrumpfte Cataract ausgebildet. Seinem dringenden Wunsche entsprechend wurde die Extraction vorgenommen, die ebenso wie die Wundheilung glatt verlief. Bei der Entlassung ergab die Untersuchung das überraschende Resultat, dass der Glaskörper sich fast vollkommen gereinigt hatte. Die Stelle der früheren Netzhautablösung war deutlich als ausgedehnter atrophischer weisser Heerd zu constatiren. Eine Ablösung bestand nicht mehr. Die Sehschärfe betrug $^5/_{10}$.

Den 93 guten Erfolgen stehen 7 mässige Resultate gegenüber. Einmal war der mässige Seherfolg ($^5/_{50}$) auf Trübungen des Glaskörpers in Folge von Glaskörperprolaps und Anwendung des Critschett zurückzuführen. Höchstwahrscheinlich haben sich dieselben, wie das meist der Fall ist, mit der Zeit wenigstens zum Theil vertheilt.

In einem 2. Falle, der mit Finger in 4 m entlassen wurde, lag einseitiger Irisprolaps und Nachstaar vor. Hier wäre nur die Nachoperation nöthig gewesen, um eine Verbesserung des Erfolges zu erzielen.

In 2 Fällen ruinirte acute plastische Cyclitis das gute

Operationsresultat. In dem einen derselben war eine Ursache nicht zu erkennen, dieselbe muss also in einer Infection bei der Operation gesucht werden. Obgleich die Erscheinungen am 6. Tage sehr stürmisch einsetzten und ein dichtes gelatinöses Exsudat sehr bald die ganze vordere Kammer erfüllte, war doch der Ausgang ein ausserordentlich günstiger. Das Exsudat zerklüftete sich sehr bald und resorbirte sich schnell; so blieb als Folge der Entzündung nur eine fein-staubige Trübung der hinteren Kapsel zurück. Der Pupillarrand war leicht mit derselben verlöthet. Die Sehschärfe betrug bei der Entlassung $^5/_{50}$. Durch einfache Discission wäre unschwer eine gute Sehschärfe zu erreichen gewesen, doch hat Patient vorgezogen, nicht wiederzukommen.

Im 2. Falle schloss sich die plastische Cyclitis an eine Wundsprengung an. Sie führte zur Bildung einer ziemlich dichten Schwarte und Pupillarverschluss. Durch eine nach einem Jahre vorgenommene Iridotomie wurde eine schöne, breite, spaltförmige Pupille erzielt und ein Visus von $^5/_{60}$ erreicht.

In einem 5. Falle kam es in Folge quellender Corticalreste zu chronischer Cyclitis und war das Endresultat Nachstaar mit zahlreichen Synechieen. Die Sehschärfe bestand in Erkennen von Finger in 3 m. Durch Nachoperation, am besten Capsulo- oder Iridotomie, wäre auch hier Besserung zu erzielen gewesen. An diesem Auge war 3 Wochen vor der Extraction die präparatorische Iridectomie mit Maturisation gemacht worden. Obgleich völlige Trübung der Linse eingetreten war, hafteten die hintersten Schichten so fest an der Kapsel, dass sie sich trotz sorgfältiger Toilette nicht entfernen liessen. Das Auge war, obwohl vollkommen reizlos geheilt, bei der Operation schon ausserordentlich empfindlich und die Reaction nach derselben eine sehr heftige. Ueberhaupt waren die Erfahrungen, welche mit der Maturisation und bald darauffolgender Extraction gemacht wurden, nicht ermuthigend für eine Verallgemeinerung der Methode. Bei einem 2. Auge zeigte, wie bei jenem erstgenannten, sich die gleichen Uebelstände: Hochgradige Empfindlichkeit und in Folge davon grosse Unruhe des Patienten bei der Operation, sehr schwere traumatische Reizung, besorgnisserregende Schwellung der Lider und der Conjunctiva. Corticalreste waren in diesem Falle allerdings nicht zurückgeblieben und das Endresultat daher ein gutes. Dagegen blieben bei einer 3. Operation einer maturirten Cataract wieder recht viele Corticalreste zurück.

So wenig wie das baldige Operiren nach präparatorischer Iridectomie kann die directe Massage der Linse durch Eingehen mit dem Spatel empfohlen werden. Ein Fall wurde in dieser Weise behandelt. Es zeigte sich nach der Iridectomie eine starke Reaction. Die Linse trübte sich allerdings sehr schnell, doch bildeten sich Synechien und eine starke Trübung des Descemeti, die noch fortbestand als nach 3 Wochen die Extraction vorgenommen wurde. Das Zurückbleiben von Corticalresten konnte auch hier nicht vermieden werden. Dieselben resorbirten sich sehr langsam, bewirkten cyclitische Reizung und Synechieenbildung. Bei der Entlassung war die Pupille zwar rein, die Descemeti aber im Bereich von Pupille und Colobom noch getrübt, das Sehen daher noch ein sehr unvollständiges. Wenn wirklich die Aufhellung der Trübung keine vollständige geworden ist, so wäre wohl durch Verlegung der Pupille nach aussen ein einigermassen brauchbares Sehresultat zu erzielen gewesen.

Der letzte Fall, dem wir eine gesonderte Betrachtung widmen müssen, betraf einen mit centralem Leukom complicirten Staar. Wegen der Nothwendigkeit einer optischen Pupille wurde die Extraction nach unten und etwas innen ausgeführt. Die Heilung verlief glatt, doch kam eine Anlöthung der Kapsel an die Narbe zu Stande, die jedoch keinerlei Reizung verursachte. Der Patient konnte nach 18 Tagen mit einer Sehschärfe von Finger in 4 m entlassen werden, die in Anbetracht des Leukoms als eine gute bezeichnet werden muss. Im Dezember 1890 bekam er im Anschluss an eine schwere Influenza eine heftige „Entzündung" des Auges und das Auge ging, da er wegen allgemeiner Schwäche nicht reisen konnte, an Secundärglaukom zu Grunde.

Reizungen, welche eine Schädigung der Sehkraft nicht bedingten, finden wir ferner verzeichnet: Zerrungscyclitis in Folge von Kapseleinheilung 3 mal, Cyclitis in Folge quellender Corticalis 2 mal. Iritische Reizung 4 mal und zwar 3 mal nach Extraction von complicirten adhärenten Staaren, 1 mal nach Glaskörperprolaps.

Vorübergehende Hornhauttrübungen stellten sich 3 mal ein; reizlose Iriseinheilung ausser der oben erwähnten fand sich noch einmal, Wundsprengung ohne schlimme Folgen 3 mal. Mit delirirenden Kranken hatte man es 2 mal zu thun: den Augen schadete die Unruhe nichts. Glatte reizlose Heilung ohne jeden Zwischenfall fand sich 78 mal.

Die Operation wurde stets nach der combinirten Methode ausgeführt; sie verlief in 91 Fällen vollkommen schulgemäss. Der Critschett musste 4 mal in Thätigkeit treten, ohne dass Glaskörperprolaps eingetreten war: 3 mal bei adhärenten Staaren, 1 mal, weil das Auge in Folge der Chloroformnarkose so weich geworden war, dass sich der Kern nicht einstellte. Die Heilung verlief in allen 4 Fällen glatt, ebenso in 3 Fällen, in welchen am Schluss der Operation nach der Entbindung des Kernes noch Glaskörper kam.

Glaskörperprolaps vor Entbindung der Cataract trat nur 2 mal ein. Des einen Falles, in welchem starke Glaskörpertrübungen die Folge waren, haben wir schon oben gedacht und der Hoffnung Ausdruck gegeben, dass dieselben sich noch mit der Zeit zertheilt haben.

In dem andern schloss sich an die Complication der Operation eine schleichende Cyclitis, die aber zu gutem Ende führte. Die Sehschärfe war bei der Entlassung befriedigend ($5/30$) und wäre durch Discission noch zu heben gewesen.

Viertes Hundert.

Vom 14. August 1890 bis 16. Februar 1891.

Nr.	Name		Alter	Zustand des Auges und des Staares	Tag der Operation	Operation
301	Gertrud B.	R.	66	Cat. sen. mat.	14.VIII.	glatt
302	Magdalena Fr.	R.	79	Cat. sen. Morgagniana	14.VIII.	flüssige Corticalis, Kern wird nic entbunden
303	„ „	L.		Cat. sen. fer. mat.	20.VIII.	glatt
304	Crescenz W.	R.	65	Cat. mat.	21.VIII.	„
305	Georg F.	L.	65	Cat. sen. mat.	15.VIII.	„
306	„ „	R.			19.VIII.	„
307	Anna E.	L.	69	Cat. sen. mat.	15.VIII.	„
308	„ „	R.			22.VIII.	„
309	Mathias D.	R.	60	Cat. sen. mat.	21.VIII.	„
310	„ „	L.		Cat. sen. fer. mat.	29 VIII.	„
311	Anna W.	R.	67	Cat. sen. mat.	22.VIII.	„
312	Michael L.	R.	68	Cat. sen. mat.	27.VIII.	„
313	„ „	L.			31.VIII.	„
314	Sebastian L.	L.	70	Cat. sen. mat.	31.VIII.	glatt, Cornealschnitt
315	„ „	R.			9. IX.	glatt
316	Therese H.	L.	15	Cat. complic. cystica	31.VIII.	glatt, Cataract mit Kapselpincette ausgezogen
317	Mathilde O.	R.	18	Cat. zonular. Colob. praep.	31.VIII.	glatt
318	Marie Bl.	R.	64	Cat. sen. mat.	8. IX.	„
319	Josef K.	R.	36	Cat. zonular. aridosiliq.	8. IX.	glatt in Narkose
320	Andreas Sch.	L.	71	Cat. sen. fer. mat.	8. IX.	glatt
321	Luise S.	R.	79	Cat. hypermat.	11. IX.	„
322	„ „	L.		Cat. sen. mat.	18. IX.	„
323	Josef S.	R.	62	Cat. mat. Colobom. praep.	11. IX.	„
324	Georg K.	R.	76	Cat. mat. tum.	11. IX.	„
325	Alois E.	R.	58	Cat. sen. mat.	16. IX.	„
326	Georg W.	R.	45	Cat. fer. mat.	18. IX.	„
327	Franziska M.	R.	61	Cat. mat.	18. IX.	„
328	Maria B.	R.	62	Cat. sen. mat.	18. IX.	„
329	„ „	L.		Cat. sen. fer. mat.	24. IX.	„
330	Elisabeth Sch.	R.	32	Cat. aridosiliq. compl. Strabism. converg.	21. IX.	am Schluss leichter Corpusprolaps
331	Georg K.	R.	72	Cat. sen. mat.	21. IX.	glatt
332	„ „	L.		Cat. sen. fer. mat.	26. IX.	„
333	Andreas S.	L.	68	Cat. mat.	23. IX.	„
334	Gertrud W.	R.	60	Cat. mat. Dakryocystitis	23. IX.	12 Tage vor der Extraction, Exstirpatio sacci lacrim, glatt
335	Alois B.	L.	16	Cat. zonularis	23. IX.	glatt in Narkose
336	Christian H.	R.	59	Cat. mat.	24. IX.	glatt
337	Wendel. L.	L.	66	Cat. sen. mat.	24. IX.	„
338	„ „	R.			2. X.	„
339	Barbara H.	L.	70	Cat. sen. mat.	25. IX.	„
340	Regina K.	L.	54	Cat. mat.	25. IX.	„
341	Rochus St.	R.	66	Cat. sen. mat.	25. IX.	„
342	Georg B.	R.	79	Cat. sen. mat.	26 IX.	„
343	„ „	L.			2. X.	„

Viertes Hundert.

Heilungsverlauf	Dauer der Behandlung	Sehschärfe bei der Entlassung	Nachoperation	Endliche Sehschärfe
glatt	22	—	zur Discission bestellt	—
les im Auge zurückgebliebenen Kernes reizlos	35	$5/15$	—	$5/15$
glatt	19	$5/10$	—	$5/6$
innerer Irisschenkel prolabirt		$5/15$	—	—
glatt	22	$5/15$	—	—
		$5/15$		
„	23	$5/10$	—	$5/10$
„		$5/6$	—	$5/6$
„	27	$5/10$	—	—
„		$5/15$	—	—
„	15	$5/6$	—	—
„	26	$5/6$	—	$5/6$
„		$5/50$	—	$5/15$
rlangsamter Wundschluss, Heilung ichter Reizung mit peripherer Irisanlöthung	35	$5/36$	—	$5/10$
glatt		$5/9$	—	$5/6$
„	13	$1/\infty$	—	—
„	20	$5/20$	Discissio 1. XI.	$5/15$
„	22	$5/10$	—	$5/10$
„	18	—	zur Discission bestellt	—
glatt, Nachstaar	19	Finger in 5 m	—	—
glatt	30	$5/15$	—	$5/15$
„		$5/10$	Glaucoma chronicum	$5/10$
„	15	$5/10$	—	$5/10$
„	12	$5/15$	—	$5/10$
„	16	$5/5$	—	—
glatt, Nachstaar	18	$5/36$	—	—
glatt	20	$5/24$	—	$5/5$
att, leichte Wundsprengung	23	$5/10$	—	—
glatt		$5/10$	—	—
„	15	Fing. v. d. Auge	Amblyopia congeuitalis	—
„	21	$5/15$	—	—
„		$5/12$	—	—
acuta, Heilung, Nachstaar mit Synechieen	34	—	—	—
glatt	34	$5/20$	—	—
„	24	$5/50$	Discissio 9. XII.	$5/12$
„	15	$5/10$	—	—
„	25	$5/6$	—	—
prengung, glatte Heilung, Nachstaar		Finger in 5 m	—	—
glatt	17	$5/15$	—	—
glatt (schwarze Pupille)	14	$5/30$	—	—
glatt	13	$5/6$	—	—
„	23	$5/15$	—	$5/1$
rke Hornhauttrübung, reizlos		$5/15$	—	$5/10$

Zenker, Staaroperationen.

Viertes Hundert.

Nr.	Name		Alter	Zustand des Auges und des Staares	Tag der Operation	Oper
344	Martin B.	L.	70	Cat. fer. mat.	26. IX.	Corpusprolaps, I ohne C
345	Johann E.	R.	29	Cat. praesenil. complic.	29. IX.	gl
346	Maria W.	R.	71	Cat. sen. fer. mat.	29. IX.	„
347	Georg K.	L.	68	Cat. mat.	29. IX.	
348	Walpurga K.	L.	66	Cat. mat. Conj. chronic.	2. X.	Unterbindung d chen,
349	Josefa K.	L.	65	Cat. fer. mat. Macul. corn.	4. X.	glatt nac
350	Ferdinand Sch.	R.	64	Cat. mat.	6. X.	gl
351	Johann D.	L.	62	Cat. nucl. immat.	8. X.	„
352	Michael F.	R.	69	Cat. sen. mat.	9. X.	
353	Maria K.	L.	70	Cat. mat. Macul. corn.	12. X.	Patella buchtet si v
354	Ulrich St.	R.	75	Cat. mat.	12. X.	gl
355	Elis. U.	L.	46	Cat. compl. accret.	13. X.	glatt mit
356	Elisabeth G.	R.	63	Cat. nucl. fer. mat.	13. X.	gl
357	Wendelin A.	R.	58	Cat. mat.	17. X.	„
358	Aloysia P.	R.	45	Cat. zonul. Colob. praep.	20. X.	„
359	Josefa B.	R.	64	Cat. sen. mat.	20. X.	„
360	Alois W.	R.	67	Cat. mat.	1. XI.	„
361	Josef K.	R.	61	Cat. traum. Leuk. adhaer. Colob. artefic.	4. XI	„
362	Friedrich H.	L.	58	Cat. sen. mat.	7. XI.	„
363	Mathias P.	L.	66	Cat. mat.	11. XI.	„
364	Xaver D.	R.	37	Cat. zonularis peripher.	12. XI.	„
365	Engelbert Z.	L.	35	Cat. praesen. mat.	13. XI.	„
366	Magdalena N.	R.	54	Cat. mat. tum.	13. XI.	„
367	Josef St.	L.	52	Cat. sen. mat.	18. XI.	„
368	Lorenz P.	L.	80	Cat. mat. Colob. praep.	19. XI.	nach Entbindu leichter Co
369	Josef R.	R.	76	Cat. mat. tum.	19. XI.	glatt, obgleich d eingeführt wur werden
370	Franz Josef F.	L.	63	Cat. mat.	22. XI.	gl
	1891. München.					
371	Heinrich Sch.	L.	24	Cat. traum. subluxat.	5. I.	gleich beim Schn Iridectomie, gl
372	Mathias D.	R.	74	Cat. sen. nucl. fer. mat.	6. I.	Kniescheere
373	„ „	L.			14. I.	gl
374	Andreas O.	R.	70	Cat. sen. mat. tum.	6. I.	
375	Georg Z.	R.	79	Cat. sen. hyperm. accret.	6. I.	Da Pat. zu unge dem Schnitt die leitet werden, Cr Bröckeln extrahie stark m
376	Anton M.	L.	41	Cat. praesen. mat.	7. I.	gl
377	Angelo F.	R.	63	Cat. fer. mat.	8. I.	„
378	Maria M.	R.	74	Cat. mat.	9. I.	„

Viertes Hundert.

Heilungsverlauf	Dauer der Behandlung	Sehschärfe bei der Entlassung	Nachoperation	Endliche Sehschärfe
heftige acute Iridocyclitis plastica	47	$5/\infty$	dichte Trübung des Glaskörpers	—
glatt	10	—	Ablatio retinae totalis	—
„	18	$5/15$	—	—
„	18	$5/10$	—	—
„	17	$5/12$	—	$5/10$
„	20	$5/50$	—	—
„	17	$5/10$	—	$5/5$
trotz schwerer Wundsprengung reizlos	26	$5/15$	—	$5/10$
trotz Wundsprengung reizlos	24	$5/10$	—	—
reizlose Heilung, Iris beiderseits eingeheilt	30	Finger in 4 m	—	$5/50$
glatt	21	$5/10$	—	$5/10$
„	21	—	zur Iridotomie bestellt	—
„	19	$5/15$	Discissio 29. VI. 91.	$5/12$
„	16	$5/6$	—	—
„	30	$5/9$	—	$5/6$
„	18	$5/10$	—	$5/6$
Iridocyclitis chron. in Folge quellender Corticalreste	55	—	Discidirbarer Nachstaar	$5/30$
glatt	14	Finger in 4 m	—	—
„	16	$5/10$	—	—
„	17	$5/9$	—	$5/6$
„	17	$5/50$	Chorioiditis disseminat.	—
„	16	$5/30$	Atrophia chorioid. congenit.	$5/50$
„	12	$5/10$	—	—
leichte cyclitische Reizung (Trübung des Kammerwassers)	24	$5/15$	—	$5/6$
glatt, Corticalreste, zertheilen sich	23	—	—	—
glatt	19	$5/5$	—	$5/5$
„	17	$5/20$	—	$5/10$
mässige traumatische Reizung	20	$5/50$	—	—
glatt	24	$5/15$ $5/10$	—	$5/6$ $5/10$
Delirien, glatt, Nachstaar	14	—	—	—
traumatische Trübung der Descemeti, Auge reizlos, Schwere Delirien	19	—	—	$5/10$
glatt	16	—	—	$5/5$
„	22	$5/10$	—	—
„	20	$5/20$	—	$5/15$

Nr.	Name		Alter	Zustand des Auges und des Staares	Tag der Operation	Operation
379	Ottilie D.	R.	63	Cat. sen. mat.	10. I.	glatt
380	Franz R.	L.	57	Cat. mat.	10. I.	Corpusprolaps, Critschett, sehr deutender Corpusverlust
381	Josef W.	L.	50	Cat. sen. mat.	10. I.	glatt in Narkose, (Cornealschn
382	Johann T.	L.	63	Cat. sen. mat. Conj. chron.	12. I.	glatt
383	Ignaz H.	L.	58	Cat. sen. mat.	14. I.	"
384	Johann Georg Z.	L.	67	Cat. sen. mat.	17. I.	"
385	" " "	R.			26. I.	
386	Vincenz K.	R.	74	Cat. sen. mat.	19. I.	"
387	Thomas K.	R.	60	Cat. sen. mat.	21. I.	"
388	Georg K.	L.	54	Cat. sen. fer. mat. tum.	23. I.	"
389	Johann Nep. K.	L.	67	Cat. sen. fer. mat.	27. I.	"
390	Michael F.	L.	55	Cat. sen. mat.	27. I.	"
391	Fr. Sales Sch.	R.	50	Cat. mat.	29. I.	"
392	Johanna R.	R.	73	Cat. sen. mat.	3. II.	"
393	Ursula B.	R.	70	Cat. sen. mat.	3. II.	"
394	Maria F.	L.	62	Cat. sen. mat.	4. II.	"
395	Jakob K.	R.	60	Cat. sen. mat.	5. II.	"
396	Ursula B.	R.	63	Cat. sen. mat. Ectasia sacci lacrim.	7. II.	2. II. Exstirpatio sacci lacrim Extr. glatt
397	Altwin L.	R.	16	Cataract. traum. tum.	6. II.	glatt in Narkose, Critschett
398	Barbara H.	L.	58	Cat. nucl. sen. fer. mat.	7. II.	glatt
399	Maria N.	R.	36	Cat. zonularis.	7. II.	"
400	" "	L.			16. II.	"

Viertes Hundert.

Heilungsverlauf	Dauer der Behandlung	Sehschärfe bei der Entlassung	Nachoperation	Endliche Sehschärfe
glatt	16	$5/6$	—	$5/6$
leichte cyclitische Reizung	24	$5/24$	—	$5/15$
verlangsamter Wundschluss	19	$5/12$	—	—
starke Sekretion, graue Verfärbung des Hornhautschnittes	23	$5/30$	—	$5/6$
glatt	17	$5/6$	—	$5/6$
leichte centrale Hornhauttrübung	}26	$5/10$	—	$5/6$
verzögerter Wundschluss, glatt		$5/15$	—	$5/6$
glatt	16	$5/18$	—	—
„	11	$5/10$	—	$5/10$
„	17	$5/10$	22. I. 92. Discissio	$5/18$
„	19	—	—	$5/6$
„	14	$5/6$	—	$5/6$
Chemose in Folge Quellung eines hen den Colobomschenkeln liegenden Corticalbrockens	18	$5/10$	—	$5/10$
glatt	20	$5/12$	—	$5/10$
glatt (trotz heftiger Delirien)	10	—	—	$5/6$
glatt	13	$5/6$	—	$5/5$
„		—	—	—
„	21	$5/10$	—	—
glatt, Nachstaar	13	$5/50$	—	—
Sublimatätzung der Wundränder	18	$5/15$	—	$5/6$
glatt	}23	$5/10$	} 9. III. 91 Discissio	$5/5$
„		$5/60$		$5/10$

Wir haben in diesem Hundert 97 gute Resultate zu constatiren. Es erreichten $^5/_5$ und $^5/_6$ 30 Operirte, $^5/_{10}$ und $^5/_{12}$ 31, $^5/_{15}$ und $^5/_{20}$ 17, $^5/_{30}$ 2 Operirte. Bei gutem Heilresultat zum Theil mit Nachstaar behaftet wurden 4 Fälle entlassen. 4 weitere Fälle waren ferner mit sonstigen innerlichen Erkrankungen complicirt, welche das Sehen trotz guter Heilung unmöglich machten. Die Complicationen bestanden in Ablatio retinae (2 mal), Amblyopia congenita (1 mal) und Seclusio pupillae, die sich auch nach der Extraction wieder einstellte (1 mal). 4 Fälle, welche mit S = $^5/_{36}$, $^5/_{50}$ (2) und Finger in 5 m. entlassen wurden, zeigten einfachen uncomplicirten Nachstaar und wären leicht durch einfache Discission zu bessern gewesen. Sie gehören daher in die Zahl der guten Erfolge; ebenso 5 andere, bei denen der Visus zwischen $^5/_{50}$ und Finger in 4 m. schwankte; hier lagen Maculae corn. (2 mal), Leukoma adhaerens (1 mal), angeborene Atrophia chorioideae (1 mal) und Chorioiditis disseminata (1 mal) als Erklärung für den geringen Visus vor.

Diesen 97 guten Erfolgen stehen 2 mässige Erfolge gegenüber; der eine Fall betraf eine traumatische, leicht luxirte Cataract, deren Extraction nur unter starkem Glaskörperprolaps möglich war. Während der Nachbehandlung verzog sich die Pupille mehr und mehr nach der Narbe. Die Sehschärfe betrug bei der Entlassung $^5/_{50}$.

Im anderen Fall handelte es sich um eine einfache senile Cataract. Die Extraction verlief glatt. Im Verlaufe der Nachbehandlung stellte sich eine acute Iritis ein, welche beim Fehlen von Complicationen der Wundheilung als eine genuine, wohl durch eine leichte Infection bei der Operation hervorgerufene Entzündung bezeichnet werden muss. Die Erscheinungen waren nicht stürmisch, bestanden in der Hauptsache nur in Trübung des Kammerwassers und Synechieenbildung. Der Patient wollte den Ablauf der Entzündung nicht abwarten und wurde daher wohl oder übel mit den nöthigen Weisungen nach Hause entlassen. Bei der relativen Milde des Auftretens, ohne jegliche Exsudatbildung im Bereich der Pupille, werden wir nicht fehlgehen, wenn wir annehmen, dass im schlimmsten Falle ein complicirter Nachstaar das Ende vom Liede war und eine Nachoperation ein annehmbares Resultat erzielt hätte.

Dieser frohen Hoffnung dürfen wir uns nicht hingeben in einem Falle, in welchem es am 6. Tage zu einer schweren plastischen Iridocyclitis kam. Dieselbe führte zu starker Exsudatbildung in die vordere Kammer und wie sich bei der Entlassung zeigte in den Glaskörper. Die Operation war mit leichtem Glaskörperprolaps complicirt. Die Ursache der schweren Entzündung kann aber hierin ihre Erklärung nicht finden und sind wir gezwungen, eine Infection anzunehmen. Bei der Entlassung war die Pupille nach oben verzogen, aber schwarz, nicht verwachsen, der Glaskörper aber noch so dicht getrübt, dass man beim Hineinleuchten mit dem Spiegel kein rothes Licht bekam. Der Bulbus war weich. Das Sehvermögen auf quantitative Lichtempfindung herabgesetzt. Ob aus dem Auge noch etwas geworden ist, können wir nicht sagen. Für uns bedeutet es einen Verlust.

Ueber einige der günstig verlaufenen Fälle mögen hier noch einige Bemerkungen gestattet sein.

Bei einer alten Frau wurde eine überreife Cataract operirt, welche in der Form der Cataract. Morgagni auftrat. Die flüssigen Randtheile flossen nach der Kapseleröffnung leicht aus, der kleine dünne 4 mm im Durchmesser haltende Kern jedoch verschob sich nach oben und konnte, da sehr bald die Kammer sich mit Blut füllte, um keinen Preis entfernt werden. Die Heilung verlief ganz reizlos. Der Kern heilte im Colobom ein. Die Pupille war frei und Patientin wurde mit einer Sehschärfe von $5/15$, die sich auch, wie eine spätere Controle zeigte, erhalten hat, entlassen.

In einem 2. Falle möchten wir auf einen technischen Fehler aufmerksam machen, der glücklicherweise ohne schädliche Folgen blieb. Es wurde nämlich das Messer aus Versehen mit der Schneide nach unten eingeführt. Als der Fehler nach Vollendung der Contrapunction bemerkt wurde, wurde durch leichtes Rückwärtsschneiden Ein- und Ausstichöffnung erweitert und dann das Messer — es war glücklicherweise ein schmales Luer'sches, — mit der Schneide nach vorn gedreht. Die Iris fiel natürlich in's Messer und wurde breit ausgeschnitten. Die übrigen Acte verliefen lege artis. Die Heilung ging glatt vor sich. Die Sehschärfe betrug trotz des grossen Colobom's $5/5$.

Ausser diesen Complicationen der Operation ist zu nennen: Die Nothwendigkeit der Anwendung der Kniescheere, ferner die 2 malige Anwendung des Critschett bei Cataracta accreta; dieselben hatten auf die glatte Heilung keinen Einfluss. Ebenso heilten 2 Fälle, in welchen bei der Toilette etwas Glaskörper prolabirte, ganz reizlos.

Glaskörpervorfall vor der Entbindung der Linse war 2 mal eingetreten. Das eine Mal war die Patella schon durch die Verletzung, die zur Staarbildung geführt hatte, eingerissen und der Glaskörpervorfall daher nicht zu vermeiden. Das 2. Mal war er bedingt durch ein ganz unvernünftiges Benehmen des Patienten. Es war ein 3 maliges Eingehen mit Critschett nothwendig, um den Staar zu entfernen, die Menge des verloren gegangenen Glaskörpers war sehr bedeutend, sodass der Bulbus sich am Schlusse in Falten legte. Die Heilung ging für die Schwere des Trauma's verhältnissmässig glatt. Die Reizung, durch die complicirte Wundheilung — Einklemmung von Glaskörper und Kapselresten in der Wunde — bedingt, war nicht sehr bedeutend. Die Sehschärfe betrug bei der Entlassung $5/24$, als sich Pat. nach 2 Jahren wieder vorstellte, sogar $5/15$ und wäre durch Durchschneidung einer quer durch die Pupille verlaufenden Kapselspange noch zu bessern gewesen; doch war Patient unterdessen am anderen Auge mit sehr gutem Erfolge operirt worden und trug kein Verlangen nach Besserung.

Was ein Auge auszuhalten im Stande ist, zeigte uns auch die Extraction einer überreifen Cataract bei einem 79 jährigen Münchner Pfründner. Derselbe benahm sich von Anfang an so unvernünftig, dass schon der Schnitt viel zu klein ausfiel. Es wurde daher die Narkose eingeleitet, die nach heftiger Gegenwehr des Patienten auch glücklich zu Stande kam. Der Staar konnte nur bruchstückweise durch 5 maliges Eingehen mit Critschett entfernt werden, wobei sich reichlich Pigment von der Rückfläche der Iris abstreifte. Die Heilung verlief zur allgemeinen Ueberraschung und obgleich Patient schwere Delirien bekam, vollkommen glatt. Eine starke Trübung der Cornea hellte sich vollständig auf. Die zurückgebliebenen Staartheile resorbirten sich ohne Reizung. Die Sehschärfe betrug $5/10$ und wäre durch Discision noch zu bessern gewesen, worauf man jedoch verzichtete.

Ausser den beiden oben erwähnten Entzündungen (Iritis und Iridocyclitis acuta) finden wir noch notirt eine chronische Cyclitis mit gutem Ausgange, 3 cyclitische Reizungen, 2 mal durch Kapseleinheilung, 1 mal durch quellende Corticalreste bedingt, 1 leichte iritische Reizung; alle mit gutem Ausgange. Ferner finden wir 2 mal reizlose Iriseinheilung, 3 mal stark verlangsamten Wundschluss, 4 mal schwerere Wundsprengung; Trübung und Aetzung der Cornea und Sublimatätzung der Conjunctiva 5 mal; vollkommen anstandslose Heilung 79 mal. Delirien kamen 3 mal vor, haben aber den Augen nichts geschadet.

Eine Affection, welche, verbunden mit Reizerscheinungen von Seiten der Conjunctiva, in Gestalt von Trübung der Cornea und Verfärbung der Schnittränder meist abgesehen von dem Trauma, das die Hornhaut durch den auf sie ausgeübten Druck erleidet, und der Quetschung, welche die Wundränder, besonders wenn der Schnitt etwas klein ausgefallen und die Cataract sehr hart ist, erfahren, auch auf eine ätzende Wirkung der Desinfectionsmittel zurückgeführt werden muss, vielleicht auch manchmal durch zu heisse Instrumente verursacht wird, trat diesmal in 2 Fällen in einer Weise auf, dass ihr, besonders da sie später noch öfters wieder in dieser prägnanten Weise beobachtet wurde, einige erläuternde Worte gegönnt sein sollen.

Die Patienten klagen meist schon Abends über starke klopfende Schmerzen, bei weniger Empfindlichen fehlen allerdings auch jegliche subjectiven Symptome. Verbindet man, so zeigt sich das obere Lid geschwollen, beim Oeffnen der Lidspalte fliessen reichliche, oft mit flockigem Sekret untermischte und leicht getrübte Thränen aus. Die Conjunctiva ist leicht chemotisch, ähnlich wie nach Verbrennungen von Augen mit ätzenden Flüssigkeiten. Die Hornhaut ist besonders central und nahe der Wunde getrübt. Der Rand des Lappens und zwar stets nur da, wo die Wunde in der Cornea selbst, beziehungsweise im Limbus corneae verläuft, ist entweder mit einzelnen kleinen punktförmigen, nahe beieinanderstehenden graugelben Heerden besetzt oder zeigt eine zusammenhängende bandförmige Verfärbung. Am Boden der Kammer aber findet sich fast constant in den prägnanten Fällen ein citronengelbes oder gelbröthliches, von einem Hypopyon nur schwer zu unterscheidendes Sediment. Kommt dazu noch, dass das Pupillar- und Colobomgebiet, wie das anfangs oft der Fall ist, in Folge von Staarresten verschleiert ist und ein unreines Aussehen gewährt, so macht das Ganze fast auf's Haar den erschreckenden Eindruck einer beginnenden Infection. Beruhigend ist nur das Fehlen eines eitrigen Wundbelages; beruhigend wirkt ferner, dass meist nach dem Verbandwechsel keine Schmerzen mehr auftreten und die nach 1—2 Stunden neuerdings vorgenommene Untersuchung des Auges das Fehlen jeglicher, besonderes Bedenken erregender Sekretion und überhaupt kein Weiterschreiten des Processes ergiebt. Die Erscheinungen gehen dann auch sehr schnell zurück. Die Schwellung nimmt ab, die Hornhaut hellt sich auf, das Sediment verliert sich und die verätzten Partien der Wundränder vascularisiren sich, oft unter

Bildung kleiner Hämorrhagien. Der weitere Heilverlauf ist glatt, meist ganz besonders reizlos. Noch alle in dieser Weise afficirten Augen bekamen gute Sehschärfe, wie auch die beiden zu dieser Besprechung Anlass gebenden Augen mit V. = $^5/_6$ entlassen wurden. Sehr gerne werden Augen davon befallen, deren Cornea alte Flecken aufweist. In geringer Stärke zeigt sich die Affection in Verfärbung der Endpunkte der Wunde, die ja am meisten einer Quetschung bei Austritt des Kernes ausgesetzt sind; fast nie fehlt das citronengelbe Sediment. Bemerkt muss werden, dass sowohl beim Gebrauch von Sublimat 1 : 5000 als später beim Jodtrichlorid (0,75 : 1000) derartige Beobachtungen gemacht wurden.

Die Operationsmethode war bis auf einen Fall stets die combinirte: Dieses eine Mal kam es nicht zur Iridectomie, da der Glaskörper gleich nach Vollendung des Schnittes vorstürzte.

Fünftes Hundert.

Vom 9. Februar 1891 bis 20. Juni 1891.

Fünftes Hundert.

Nr.	Name		Alter	Zustand des Auges und des Staares	Tag der Operation	Operation
401	Mathias H.	R.	56	Cat. sen. accreta	9. II.	glatt
402	Maria Sch.	R.	78	Cat. sen. mat.	10. II.	„
403	Josef V.	R.	60	Cat. sen. mat.	10. II.	„
404	Josef R.	L.	72	Cat. sen. mat.	12. II.	ganz am Schluss geringer Corpus prolaps
405	Josef H.	R.	67	Cat. sen. mat.	16. II.	glatt
406	Josef St.	R.	62	Cat. sen. tum.	17. II.	„
407	Kunigunde R.	R.	48	Cat. sen. mat.	19. II.	„
408	Josefa v. Sch.	R.	62	Cat. sen. mat.	20. II.	„
409	Maria W.	R.	62	Cat. sen. mat.	21. II.	„
410	Maria H.	L.	57	Cat. sen. mat.	23. II.	„
411	Georg A.	R.	64	Cat. sen. mat. Maculae	24. II.	„
412	Apollonia F.	R.	70	Cat. sen. mat.	25. II.	„
413	Josef B.	L.	76	} Cat. nucl. mat.	26. II.	„
414	„ „	R.			4. III.	„
415	Johann W.	R.	65	Cat. sen. mat.	27. II.	„
416	Emmerich B.	R.	48	Cat. praesen. fer. mat.	27. II.	„
417	„ „	L.			5. III.	Pat. sehr unruhig, presst sich die Iris in's Messer und den Lidhalter mehrmals in die Wunde, langwierige Toilette
418	Otto Sch.	R.	42	Cat. traum. compl. adhaer. Colob. praeparat.	28. II.	Critschett, starker Corpusprolaps
419	Mathias E.	R.	59	Cat. sen. hypermat.	2. III.	glatt
420	Maria G.	L.	67	Cat. sen. mat.	3. III.	„
421	Barbara H.	R.	77	Cat. sen. mat.	4. III.	„
422	Jakob H.	L.	58	Cat. sen. fer. mat.	5. III.	„
423	„ „	R.		Cat. sen. fer. mat.	10. III.	„
424	Maria F.	R.	55	Cat. sen. mat. Colob. praep. Glaucom. chron.	6. III.	glatt in Narkose
425	Johann Sp.	L.	64	Cat. sen. mat.	11. III.	glatt
426	Josef St.	R.	58	Cat. sen. mat.	11. III.	„
427	Ulrich B.	R.	65	Cat. sen. mat.	13. III.	„
428	Georg L.	L.	67	Cat. sen. mat. tum.	14. III.	mühsame langdauernde Operation, Kern luxirt sich, macht Bascule, langwierige Toilette
429	Genoveva F.	R.	78	Cat. sen. hypermat.	14. III.	glatt, Critschett
430	Ludwig M.	R.	65	Cat. mat.	16. III.	glatt
431	Georg L.	L.	70	Cat. sen. mat.	16. III.	„
432	Franz St.	L.	76	Cat. sen. mat.	20. III.	„
433	Max N.	R.	20	Cat. zonul. Colob. praep.	17. III.	„
434	Genoveva F.	L.	78	Cat. sen. mat.	23. III.	„
435	Anna Sch.	R.	63	Cat. sen. mat.	23. III.	„

Fünftes Hundert.

Heilungsverlauf	Dauer der Behandlung	Sehschärfe bei der Entlassung	Nachoperation	Endliche Sehschärfe
ärer Wundschluss, am 5. Tage acute oppelseitige croupöse Pneumonie	7	†	—	—
matische Hornhauttrübung, reizlose Heilung	14	—	...	$5/15$
itt trotz schwerer Wundsprengung	18	$5/6$	—	$5/5$
glatt	15	—	—	$5/15$
„	19	$5/15$	—	—
„	16	$5/6$	—	—
„	10	$5/6$	—	$5/6$
izlos trotz einseitigem Irisprolaps	14	—	—	$5/20$
glatt, catarrhal. Randgeschwür	16	$5/15$	—	$5/6$
starke Sublimatschwellung der Lider und der Conj.	15	$5/6$	—	—
latt, Verfärbung der Wundränder	14	$5/50$	...	$5/50$
ung durch restirende Corticalmassen	15	$5/10$	—	$5/6$
glatt	21	$5/20$	starke Synchisis scintillans	—
„		$5/50$		—
„	15	$5/10$	—	—
„	30	$5/6$	—	$5/6$
cyclitis plastica acut., Heilung mit Seclusio pupillae		$1/\infty$	Hornhaut leukomatös getrübt	—
reizlose Heilung	16	Finger in 4 m	23. VII. 91 Discission mit Knapp's Messer 1. VIII. 91 Discission mit Cystitom	$5/30$
glatt	11	$5/10$	—	$5/5$
„	11	$5/15$	—	—
„	16	$5/20$	—	—
„		$5/10$	19. VI. Discissio	$5/6$
undinfection, Hornhautvereiterung, Phthisis bulb. ant.	27	0		
glatt	19	$1/\infty$	reine schwarze Pupille, tiefe glaukom. Excavation	—
„	11	$5/20$		$5/9$
„	13	$5/10$	Discissio 16. IX.	$5/6$
„	14	$5/10$		
starke Hornhauttrübung, glatt	15	—	Discissio 3. VII.	$5/10$
glatt	10	—	—	—
elirien, Schlag auf's Auge, Wundsprengung	22	—	Discissio 29. VI.	$5/6$
glatt	14	$5/15$	—	—
„	12	—	—	—
„	15	$5/15$	Discissio 22. VI.	$5/10$
„	12	—	.	—
glatt, leichte Hornhauttrübung	14	—	—	$5/15$

Fünftes Hundert.

Nr.	Name		Alter	Zustand des Auges und des Staares	Tag der Operation	Operation
	Meran.					
436	Michael B.	L.	66	Cat. hypermat.	7. IV.	glatt, Cataract mit Kapselpince extrahirt
437	Barbara E.	R.	70	Cat. hypermat.	11. IV.	glatt
438	Urban B.	L.	52	Cat. mat.	13. IV.	"
439	Katharina Z.	R.	75	Cat. sen. mat. Maculae corn.	14. IV. 22. IV.	"
440	" "	L.				"
441	Peter St.	L.	40	Cat. traum. luxat. accreta Cicatrix corn. adhaer.	14. IV.	Critschett, starker Prolaps verfl sigten Glaskörpers
442	Franz M.	R.	71	Cat. sen. mat.	15. IV.	glatt
443	Maria C.	L.	69	Cat. sen. mat.	16. IV.	"
444	Stefan D.	L.	27	Cat. zonul. Colob. iridis et chorioideae congenit.	16. IV.	glatt in Narkose, viele Cortica massen bleiben zurück
445	Baptist Z.	L.	66	Cat. sen. mat.	16. IV.	glatt
446	Elisabeth St.	L.	60	Cat. sen. mat.	17. IV.	"
447	Johann St.	L.	70	Cat. sen. mat.	17. IV.	"
448	Walpurga G.	L.	59	Cat. mat.	17. IV.	"
449	Crescenz H.	R.	63	Cat. sen. tum.	18. IV.	"
450	Peter W.	R.	48	Cat. mat.	18. IV.	"
451	Elisabeth G.	R.	79	Cat. sen. mat.	20. IV.	"
452	" "	L.				"
453	Josef B.	L.	79	Cat. sen. mat.	20. IV.	-
454	Anna T.	R.	84	Cat. mat. Conj. chron.	21. IV.	"
455	Alois M.	L.	70	Cat. sen. mat.	21. IV.	"
456	Antonia A.	L.	72	Cat. sen. mat.	22. IV.	während der Operation muss weg Unruhe der Pat. die Narkose ei geleitet werden
457	" "	R.			5. V.	glatt in Narkose
458	Aloysia St.	L.	72	Cat. fer. mat.	24. IV.	glatt
459	Walpurga M.	R.	64	Cat. sen. mat.	27. IV.	"
460	Barbara D.	R.	75	Cat. sen. mat.	4. V.	"
461	Theres. T.	R.	72	Cat. hypermat.	4. V.	glatt, Cornealschnitt
462	Josef E.	L.	42	Cat. immat.	5. V.	glatt in Narkose
463	Innocenz M.	R.	17	Cat. aridosiliq. zonularis.	5. V.	glatt, in Narkose, am Schluss etwas Glaskörper
464	Luigia M.	L.	38	Cat. sen. mat.	7. V.	glatt
465	Anna K.	R.	66	Cat. capsul. fer. mat.	8. V.	"
466	Barbara B.	R.	74	Cat. sen. hypermat. Cat. sen. mat.	8. V.	"
467	" "	L.				"
468	Rosa A.	R.	73	Cat. sen. mat.	8. V.	"
469	Josef B.	L.	45	Cat. mat.	8. V.	"
470	Maria St.	L.	83	Cat. mat.	11. V.	"
471	Anna K.	R.	58	Cat. mat.	12. V.	-
472	Johann M.	L.	48	Cat. traumatic.	12. V.	"
473	Anna P.	R.	75	Cat. mat.	14. V.	"
474	Maria S.	L.	66	Cat. mat.	16. V.	"

Fünftes Hundert.

Heilungsverlauf	Dauer der Behandlung	Sehschärfe bei der Entlassung	Nachoperation	Endliche Sehschärfe
glatt	19	$5/10$	—	—
„	15	$5/15$	—	—
glatt, Nachstaar	16	$5/50$	Discissio 25. V. 91. V. $5/10$. 1892 Cyclitis chron.; jetzt diffuse Glaskörpertrübung	$5/6$ $5/50$
glatt, Nachstaar	}22	$5/30$ $5/50$	—	—
glatt	15	Finger in 1 m	—	—
„	17	$5/20$	Discissio 25. V. 91	$5/10$
„	20	$5/15$	—	$5/10$
ing durch Quellung der Corticalreste	42	—	Extractio cat. sec. 8. IV. 92 Fing. i. 1 m Pupille rein	—
glatt	15	$5/20$	—	—
„	15	—	Discissio (Cystitom) 21. V.	—
„	15	$5/10$	—	$5/12$
„	16	$5/10$	—	$5/10$
s, innerer Irisschenkel in die Wunde eingeheilt	13	$5/15$	—	$5/10$
glatt	15	$5/15$	Discissio	$5/6$
„	}21	—	—	—
„	11	—	—	—
„	21	$5/30$	—	—
„	24	$5/30$	1892 Opacitat. corp. vitr. Disciss. cat. sec. 26. IV.	Fing. i. 4 m
reizlose Heilung, Corticalreste	}24	—	—	—
glatt		$5/20$		
glatt, Glaskörpertrübungen	18	$5/30$	1892 2mal Discissio, Glaskörpertrübung vermehrt	Fing. in 4 m
glatt	17	$5/10$	—	—
„	22	$5/10$	—	—
ark verlangsamter Wundschluss	26	$5/50$	—	—
glatt	23	$5/30$	—	—
glatt, Nachstaar	22	—	—	—
„ „	14	$5/50$	—	—
„ „	20	—	21. IV. u. 27. IV. Discissio. $5/10$. 1892 Extract. cat. sec.	$5/20$
glatt	}19	$5/10$	—	—
„		$5/15$	—	—
leichte iritische Reizung	13	$5/10$	—	—
glatt	11	$5/10$	—	$5/10$
„	16	$5/50$	—	$5/30$
„	17	$5/18$	—	$5/6$
glatt, Nachstaar	15	Finger in 2 m	—	—
glatt	15	$5/10$	—	—
„	12	—	—	—

Zenker, Staaroperationen.

Nr.	Name	Alter		Zustand des Auges und des Staares	Tag der Operation	Operation
475	Antonie G.	L.	63	Cat. sen. mat.	16. V.	glatt
476	Pietro B.	L.	66	Cat. sen. mat.	22. V.	„
477	Alois St.	L.	61	Cat. compl. Leuk. adhaer.	22. V.	glatt, Critschett
478	Maria T.	R.	70	Cat. nucl. mat.	25. V.	glatt
479	Franz D.	?	75	Cat. sen. mat.	26. V.	„
480	Franz M.	R.	56	Cat. sen. mat.	27. V.	„
481	„ „	L.		Cat. sen. f. mat.		„
	Tegernsee.					
482	Juliana R.	L.	68	Cat. fer. mat. capsul.	13. VI.	Kniescheere, glatt
483	Mathias P.	R.	67	Cat. sen. mat.	13. VI.	glatt
484	Susanna F.	R.	66	Cat. hypermat.	15. VI.	Subluxation der Cataract. durc die Kapselpincette, Kern nur i Bröckeln zu entfernen, Patella legt sich in die Wunde
485	Maria M.	R.	53	Cat. sen. mat.	15. VI.	glatt
486	„ „	L.			25. VI.	„
487	Mathilde O.	L.	19	Cat. zonularis, Colob. praep.	15. VI.	„
488	Anton F.	L.	60	Cat. sen. mat.	15. VI.	glatt, Cornealschnitt
489	Josef A.	R.	52	Cat. sen. mat. Colob. praep.	16. VI.	glatt
490	Maria K.	L.	68	Cat. mat.	16. VI.	Linse mit Kapselpincette luxirt Reposition, glatte Entbindung
491	Kunigunde A.	R.	64	Cat. sen. mat.	17. VI.	glatt
492	Maria M.	L.	62	Cat. sen. mat.	17. VI.	„
493	Friedrich H.	L.	50	Cat. mat.	17. VI.	„
494	Berthold G.	R.	71	Cat. fer. mat.	19. VI.	„
495	Josef Sch.	R.	76	Cat. sen. mat.	19. VI.	„
496	Julie G.	L.	58	Cat. traum. tum. Glaucom. sec.	19. VI.	glatt in Narkose
497	Ludwig M.	L.	65	Cat. mat. Maculae corn.	20. VI.	glatt
498	Kathar. Sch.	L.	55	Cat. mat.	20. VI.	„
499	Anna Maria E.	R.	69	Cat. mat.	21. VI.	„
500	Johann M.	L.	68	Cat. hypermatur.	23. VI.	„

Fünftes Hundert. 83

Heilungsverlauf	Dauer der Behandlung	Sehschärfe bei der Entlassung	Nachoperation	Endliche Sehschärfe
glatt	15	$5/20$	—	—
„	15	$5/15$	—	—
„	12	$5/5$	—	—
„	18	—	16. V. 92 Discissio	$5/12$
„	12	$5/10$	—	—
„	}14	—	} 30. V. 92 Discissio	$5/6$ $5/10$
ichte traumatische Hornhauttrübung	27	$5/10$	—	—
glatt	21	$5/5$	—	—
ıgsame Vernarbung des vorliegenden Glaskörpers unter leichter Reizung	41	—	7. X. 92 Discission	$5/6$
Nachstaar mit Synechieen	}32	—	Discissio 10. VIII.	$5/6$
glatt		$5/10$	—	$5/6$
„	19	—	5. VIII. Discission	$5/6$
k verlangsamter Wundschluss, reizlos	26	$5/12$	—	$5/9$
glatt	17	$5/10$	—	$5/10$
arke traumatische Hornhauttrübung, sonst glatt	21	$5/50$	Glaucoma chronicum	—
glatt	17	$5/6$	—	$5/6$
„	15	—	Discissio 12. VIII.	$5/10$
k verlangsamter Wundschluss, Kapselanheilung, leichte Zerrungscyclitis	22	$5/36$	Cataract. secund.	—
glatt	17	$5/9$	—	$1/5$
reizlos, Irisanheilung	17	$5/30$	Glaskörpertrübungen	—
glatt	24	Finger in 5 m	—	—
„	20	$5/50$	Discissio	$5/12$
„	15	$5/8$	—	—
rke Hornhauttrübung, verlangsamter Wundschluss, cyclitische Reizung	29	Finger in 3 m	Hornhaut central getrübt. 25. IX. Iridectomie nach aussen, 1893 Discission	Fing. in 5 m
glatt	14	$5/9$	—	—

Es wurde in diesem 5. Hundert voller Erfolg in 94 Fällen erzielt. Die Sehschärfe betrug 23 mal $5/5$ und $5/6$, 27 mal $5/9$, $5/10$ und $5/12$, 16 mal $5/15$ und $5/20$, 6 mal $5/30$. Ein Operirter starb am 7. Tag in Folge acuter doppelseitiger croupöser Pneumonie, nachdem bis dahin die Heilung des Auges glatt verlaufen war. Gute Heilung finden wir ferner in 9 Fällen, in denen die Sehprobe wegen Nachstaar's oder aus sonstigen Gründen unterlassen wurde, sowie in 4 Fällen mit mehr oder minder dichtem, aber uncomplicirtem Nachstaar, die mit $V = 5/36$, $5/50$ und Finger in 2 m entlassen wurden: Vollen Erfolg ferner auch in 7 weiteren Fällen, bei welchen anderweitige Complicationen, Maculae corneae (1 mal), Leukom. adhaerens (2 mal), Synchisis scintillans (1 mal), Glaucoma chronicum (2 mal), Angebornes Colobom der Chorioidea (1 mal) vorlagen. Die Sehschärfe schwankte zwischen $5/50$ und Finger in 1 m und entsprach jedesmal der Stärke der Complication. Ideales Extractionsresultat, aber $V = \frac{1}{\infty}$ zeigte ein Fall von abgelaufenem chronischem Glaukom.

Mässiger Erfolg findet sich in 4 Fällen.

In dem ersten derselben (es handelte sich stets um uncomplicirte Staare) war der Wundschluss hochgradig verlangsamt. Erst am 15. Tage und nur mit Kapsel- und peripherer Irisanheilung schloss sich die Wunde. Die Pupille war bei der Entlassung durch einen feinen Nachstaar verschlossen und leicht verzogen. Die Sehschärfe, welche $5/50$ betrug, wäre durch eine Nachoperation zu bessern gewesen.

Auch in einem 2. Falle war der verlangsamte Wundschluss die Ursache alles Uebels. Die Operation war ausserordentlich glatt verlaufen, die Wunde lag diesmal' im Limbus. Grosse Unruhe der Patientin in der Nachbehandlung mag viel dazu beigetragen haben. Die von der Operation herrührende starke Trübung der Cornea hellte sich nun langsam auf und blieb trotz feuchter Wärme im Centrum und der Gegend der Wunde stationär. Hand in Hand damit bestand eine chronische Cyclitis leichteren Grades, welche zu Verlöthung der Sphincterecken führte. Es lag leichter Nachstaar vor. 3 Monate nach der Extraction wurde, da die centrale Trübung nicht verschwunden war, ein Colobom nach aussen angelegt, und wieder einige Monate später der in diesem Colobom befindliche Nachstaar discidirt und so doch noch eine Sehschärfe von Finger in 5 m erreicht.

In den 2 andern Fällen wurde der anfangs befriedigende Seherfolg durch nachträglich eingetretene Glaskörpertrübungen geschmälert. Das eine Mal kann diese Verschlechterung ihre Ursache nur in einer ganz leichten schleichenden Cyclitis gehabt haben. Die Heilung nach der Operation war absolut glatt verlaufen. Die Sehschärfe bei leichtem Nachstaar $5/30$. Nach einem Jahre sah Patient nur noch Finger in 4 m. Es bestanden feinstaubige Glaskörpertrübungen. Die Discission der hintern Kapsel, welche eine vollkommen reine Pupille schaffte, bewirkte keine Besserung des Visus. Nach Angabe des Patienten war sein Auge während des ganzen Jahres nie roth gewesen. Als einzige Erklärung für das Zustandekommen einer latenten Cyclitis lag eine Anheilung der Kapsel an die Narbe vor. — Im 2. Falle war wegen uncomplicirten Nachstaar's eine 2 malige Discission nothwendig, welcher doppelte Eingriff in Folge der starken Verletzung des Glaskörpers die Trübungen zur Folge hatte und die Sehschärfe, anstatt sie zu heben, von $5/30$ auf Finger in 4 m herabsetzte.

2 Augen gingen verloren.

Das eine Auge ging zu Grunde durch Wundinfection, welche trotz Cauterisation und energischer Behandlung mit Sublimat und Chlorwasser sich nicht aufhalten liess und zu eitriger Einschmelzung der Cornea und Phthisis bulbi anterior führte. Die Operation war eigentlich glatt verlaufen, allerdings war wegen Kleinheit des Schnittes behufs Entbindung des Staares sehr starker Druck nothwendig gewesen und waren durch den harten Kern die Wundränder sehr gequetscht worden.

Bei dem andern Auge war die Operation stürmischer verlaufen. Der Patient war sehr unruhig, daher alle Acte der Operation sehr erschwert und die Technik dadurch beeinträchtigt. Die Iris fiel schon beim Schnitt in's Messer. Der Hornhautlappen wurde mehreremale durch Zwicken umgeklappt. Die Toilette war trotz langer Arbeit nur eine unvollständige. Schon am 3. Tage stellte sich denn auch eine schwere plastische Cyclitis ein, welche zu ausgedehnter Exsudatbildung in die vordere Kammer und nach Resorption derselben zu vollkommenem Pupillarverschluss führte. Eine Besserung schien nicht vollkommen unmöglich, doch hat sich, wie eine Controlle nach einigen Jahren zeigte, eine totale Trübung der Cornea ausgebildet und war daher trotz erhaltener Lichtempfindung jede Hoffnung auf Besserung ausgeschlossen. Glücklicherweise waren bei beiden Patienten die andern Augen kurz vorher hier mit ausgezeichnetem Erfolge operirt, — die Sehschärfe betrug $5/6$ — sodass sie den Verlust des zweiten Auges nicht allzuschwer empfunden haben.

Ausser diesen schweren Störungen der Wundheilung fand sich einmal leichte iritische Reizung, ferner cyclitische Reizung, 1 mal durch Corticalreste, 2 mal durch Kapseleinheilung bedingt. Auf das Endresultat hatten diese Störungen keinen Einfluss.

Vollkommen ungestört war die Heilung in 78 Fällen. Vorübergehende Complicationen bestanden in Sublimatätzung der Conjunctiva (2 mal), Hornhauttrübung, sowie Verfärbung bezw. Verätzung der Wundränder (6 mal), darunter mehrmals ausgesprochen in jener oben beschriebenen Form. Reizlose Iriseinheilung fand sich 2 mal, verlangsamter Wundschluss, ebenso Wundsprengung je 2 mal, ohne dass die Augen Schaden genommen hätten.

Es stehen somit den 8 mehr oder minder beeinträchtigten Heilungen 92 reizlose Heilungen gegenüber. Delirien traten nur einmal auf: Der Betreffende schlug sich dabei mit der Faust auf das operirte Auge, was zu Wundsprengung und Füllung der vorderen Kammer mit Blut führte. Das schwere Trauma ging jedoch spurlos am Auge vorüber. Der Patient hat eine Sehschärfe von $5/6$ bekommen.

Die Operation wurde stets mit Iridectomie ausgeführt.

Als Complicationen sind zu nennen:

Anwendung der Kniescheere: leichte traumatische Hornhauttrübung, herrührend von den mehrfachen vorhergemachten Versuchen, die Entbindung des Staares durch die kleine Wunde zu forciren. Heilung glatt. Sehschärfe gut ($5/10$).

Subluxation der Cataract beim Gebrauch der Kapselpincette (2 mal): Beidesmal konnte sie jedoch reponirt und ohne Tractionsinstrument entbunden werden. Im Verlauf der Operation legte sich allerdings einmal die Patella in die Wunde, was zu starker Verlangsamung der Wundvernarbung führte. Durch Discission wurde jedoch $5/6$ Sehschärfe erreicht. Im andern Falle handelte es sich um chronisches Glaukom und war und blieb die Sehschärfe trotz reiner Pupille nur $5/50$.

Anwendung des Critschett (4 mal): 1 mal bei Cataract. hypermatura, 1 mal bei Cataract. matura complicirt mit Leukoma adhaerens. Beides Mal erfolgte reactionslose Heilung. 2 mal bei Cataracta traumatica complicata und Corpusprolaps; in beiden Fällen war die Zonula bereits durch die Verletzung lädirt; in einem bestand vollkommene Verflüssigung des Glaskörpers. Trotz des ziemlich bedeutenden Trauma's war die Heilung eine glatte.

Dasselbe war der Fall in 2 Fällen, in welchen leichter Corpusprolaps nach der Entbindung des Kernes erfolgte.

Sechstes Hundert.

Vom 20. Juni 1891 bis 7. Januar 1892.

Sechstes Hundert.

Nr.	Name		Alter	Zustand des Auges und des Staares	Tag der Operation	Operation
501	Josef H.	R.	70	Cat. sen. mat. trem.	20. VI.	Corpusprolaps, Critschett
502	Elisabeth G.	L.	64	Cat. sen. fer. mat.	22. VI.	glatt
503	Josef D.	L.	79	Cat. sen. mat. Ectropium. Conj. cat. chronica.	22. VI.	„
504	Josef B.	R.	68	Cat. sen. tum.	22. VI.	„
505	Sebastian G.	R.	66	Cat. sen. mat.	24. VI.	„
506	Helene H.	R.	66	Cat. sen. mat.	25. VI.	„
507	„ „	L.			3. VII.	„
508	Crispinus St.	L.	65	Cat. sen. mat.	27. VI.	„
509	„ „	R.			2. VII.	„
510	Mathias P.	R.	68	Cat. sen. fer. mat. capsul.	29. VI.	„
511	Maria E.	L.	73	Cat. sen. mat.	30. VI.	glatt, Schnitt corneal
512	Karolina F.	R.	52	Cat. sen. fer. mat.	1. VII	glatt
513	Anna M.	R.	69	Cat. sen. mat.	1. VII.	„
514	Xaver H.	R.	55	Cat. mat. tum.	2. VII.	„
515	Michael K.	L.	66	Cat. sen. fer. mat. nucl.	3. VII.	glatt, Corneolimbalschnitt
516	Maria Anton. S.	R.	73	Cat. sen. mat.	3. VII.	glatt
517	Marianna S.	R.	63	Cat. sen. mat.	4. VII.	„
518	Margaretha S.	R.	78	Cat. sen. hypermat.	4. VII.	„
519	Michael F.	R.	40	Cat. praesen. fer. mat. tum.	4. VII.	Pat. beständig zwinkernd, Bu sehr gespannt, Iris kann nic reponirt werden
520	Franz H.	L.	73	Cat sen. mat. Conj. chron.	4. VII.	Glatt. Messer verkehrt eingefi in der Wunde gedreht
521	Joh. Nep. R.	R.	72	Cat. mat.	6. VII.	glatt
522	Georg E.	L.	69	Cat. fer. mat.	6. VII.	„
523	Elis. R.	R.	52	Cat.fer.mat.nucl.brunesc.	7. VII	Narkose, Kniescheere nach i und aussen, schwere Entbin
524	Marie Sch.	L.	60	Cat. fer. mat. tum.	8. VII.	glatt
525	Maria H.	L.	29	Cat. zonular. cong. trem.	9. VII.	Narkose, Critschett
526	„ „	R.		Colob. praep.	17. VII.	Narkose, Critschett, leichter (pusprolaps
527	Valentin K.	L.	60	Cat. mat.	10. VII.	glatt
528	Josef M.	L.	67	Cat. fer. mat.	11. VII.	„
529	Marie St.	L.	65	Cat. mat.	13. VII.	„
530	Thomas W.	L.	67	Cat. sen. mat.	13. VII.	„
531	„ „	R.			13. VII.	„
532	Elisabeth F.	L.	61	Cat. mat. Colob. praep.	14. VII.	glatt, 26 Tage vorher Iridect
533	Thaddäus H.	L.	64	Cat. sen. mat.	14. VII.	glatt
534	Josef B.	R.	75	Cat. sen. mat.	17. VII.	Corpus, Critschett, Linse in Kapsel extrahirt
535	Josef Sch.	R.	60	Cat. sen. mat.	18. VII.	glatt
536	Rosine Z.	L.	64	Cat. mat.	20. VII.	„
537	Sigmund A.	L.	64	Cat. fer. mat.	23. VII.	ohne Iridectomie, glatt
538	Schwester P.	R.	60	Cat. mat.	25. VII.	glatt
539	„ „	L.			31. VII.	„
540	Andreas B.	R.	67	Cat. sen. mat.	25. VII.	Linse anfangs mit Kapselpin luxirt
541	„ „	L.			31. VII.	glatt

Sechstes Hundert.

Heilungsverlauf	Dauer der Behandlung	Sehschärfe bei der Entlassung	Nachoperation	Endliche Sehschärfe
ringe traumatische Reizung	19	Finger in 4 m	Opacitat. corp. vitr.	—
glatt	22	$5/10$	—	—
ire Wundinfection, eitrige Einschmelzung der Cornea	19	0	—	—
glatt	22	$5/20$	—	$5/10$
„	16	$5/6$	—	$5/10$
„	}26	$5/10$	—	$5/10$
„		$5/30$	—	$5/10$
„	}24	$5/6$	—	$5/6$
„		$5/6$	15. IX. Discissio	$5/6$
leichte iritische Reizung	18	—	16. VIII. Discissio	$5/10$
hte Adaption der Wundränder, dreste, leichte iritische Reizung	23	—	28. I. 92. Discissio	$5/6$
glatt	18	$5/6$	—	$5/6$
„	17	$5/12$	—	—
„	17	$5/20$	7. II. 93. Discissio	$5/6$
erlangsamter Wundschluss	20	$5/10$	—	$5/9$
glatt, reine Pupille	17	Finger in 4 m	Glaucom. chronicum	—
„	15	$5/10$	—	—
glatt, leichter Nachstaar	20	$5/30$	—	—
glatt, leichte Iriseinheilung	35	$5/10$	28. VII. Discissio	—
glatt	26	$5/20$	—	—
„	18	$5/10$	—	—
„	19	$5/10$	—	$5/6$
Corticalmassen, leichte Reizung	23	Finger in 2 m	22. IX. Discissio	$5/15$
glatt	23	$5/10$	—	$5/10$
„	}26	Finger in 3 m	Discissio 21. VIII. Amblyopia congenit. Nystagmus	Fing. i. 4 m
„		Finger in 4 m		Fing. i. 4 m
„	17	$5/6$	—	$5/6$
„	17	$5/6$	—	$5/6$
„	20	$5/10$	—	$5/10$
„	}26	$5/6$	31. VII. Discissio	—
„		$5/6$		—
glatt, reine Pupille	57	$5/50$	Glaucom. chronicum	—
glatt	18	$5/50$	—	$5/10$
„	18	$5/10$	—	—
„	17	$5/20$	—	$5/6$
glatt, am 10. Tage beginnend eichende Cyclitis mit leichtem Hypopyon	42	—	—	—
glatt, dichter Nachstaar	19	—	1. X. Extract. cat. sec.	$5/5$
glatt	}28	$5/10$	—	—
„		$5/50$	Chorioiditis central. absol.	—
„	}24	$5/10$		$5/6$
„		$5/20$		$5/10$

Sechstes Hundert.

Nr.	Name		Alter	Zustand des Auges und des Staares	Tag der Operation	Operation
542	Josef G.	R.	61	Cat. sen. tum.	27. VII.	glatt
543	Theresia U.	R.	58	Cat. sen. mat.	25. VII.	„
544	Hermann Sch.	L.	77	Cat. mat.	3. VIII.	„
545	Aloysia J.	L.	49	Cat. zonul. Colob. praep.	4. VIII.	„
546	Amalie D.	R.	65	Cat. mat.	5. VIII.	am Schluss der Toilette, C(
547	Sylvester K.	R.	65	Cat. sen. mat.	5. VIII.	glatt
548	Johann Pf.	L.	62	Cat. traum. Cicatrix corn. centralis	8. VIII.	„
549	Simon L.	R.	72	Cat. immat.	10. VIII.	„
550	Anton M.	L.	66	Cat. mat. Dakryocystitis	12. VIII.	1 Monat vorher Exstirpatio lacrim., glatt
551	Maria K.	R.	67	Cat. mat.	14. VIII.	glatt
552	Crescenz K.	R.	52	Cat. nucl. fer. mat. accret. Colob. praep.	15. VIII.	„
553	Josef Sch.	L.	26	Cat. aridosiliq. accret. Colob. praep.	15. VIII.	„
554	Josef B.	L.	77	Cat. mat.	18. VIII.	am Schluss der Toilette e Glaskörper
555	Anna W.	L.	73	Cat. sen. mat.	20. VIII.	glatt mit } Iridectomie
556	„ „	R.				glatt ohne
557	Katharina Sch.	L.	71	Cat. sen. mat.	21. VIII.	glatt
558	Josef L.	R.	73	Cat. sen. mat.	22. VIII.	„
559	„ „	L.			27. VIII.	„
560	Barbara W.	R.	44	Cat. zonularis, Aniridia congenita	22. VIII.	glatt in Narkose
561	Josef D.	L.	72	Cat. fer. mat.	27. VIII.	glatt
562	Katharina P.	R.	51	Cat. mat.	29. VIII.	„
563	Anton H.	R.	74	Cat. sen. mat.	15. IX.	„
564	„ „	L.			28. IX.	„
565	Barbara F.	L.	58	Cat. mat. tum.	16. IX.	„
566	Maria W.	L.	79	Cat. mat.	16. IX.	„
567	Josef Sch.	L.	72	Cat. immat. capsul. post. Colob. praep.	16. IX.	„
568	Anna S.	R.	72	Cat. sen. mat.	16. IX.	„
569	Afra H.	R.	77	Cat. sen. mat.	18. IX.	„
570	„ „	L.			25. IX.	„
571	Georg H.	R.	78	Cat. sen. mat.	18. IX.	„
572	Maria P.	R.	47	Cat. mat.	18. IX.	„
573	Margaretha H.	R.	64	Cat. sen. mat.	21. IX.	„
574	Johann H.	L.	78	Cat. mat.	21. IX.	„
575	Walpurga R.	R.	63	Cat. mat.	21. IX.	„
576	Jakob G.	L.	58	Cat. mat.	24. IX.	„
577	„ „	R.		Cat. fer. mat.	29. IX.	glatt, Toilette wegen Unges lichkeit des Pat. unvollstä
578	Simon H.	L.	54	Cat. sen. mat.	21. IX.	glatt
579	Dominikus J.	L.	64	Cat. mat. Conj. chron.	26. IX.	Corpusprolaps, Critschet
580	Barbara Sch.	L.	28	Cat. fer. mat. Ablatio retinae	26. IX.	Critschett, glatt
581	Ursula G.	R.	67	Cat. mat.	29. IX.	glatt

Sechstes Hundert.

Heilungsverlauf	Dauer der Behandlung	Sehschärfe bei der Entlassung	Nachoperation	Endliche Sehschärfe
glatt	23	$5/6$	—	$5/6$
„	22	$5/6$	—	$5/6$
Sublimatschwellung der Conj.	22	$5/10$	—	—
glatt	25	$5/10$	—	$5/9$
„	48	$5/10$	15. IX. Discissio	—
„	15	$5/15$	—	$5/5$
„	17	—	13. I. 92. Discissio (Cystitom)	$5/15$
„	30	$5/6$	—	—
glatt, Nachstaar	15	$5/50$	—	—
glatt	18	$5/6$	—	$5/6$
„	19	—	21. I. 92. Discissio	Fing. i. 4 m
„	15	1/z	völlige bindegewebige Organisation des Glaskörpers	—
glatt, Nachstaar	18	Finger in 3 m	—	—
glatt	26	—	—	$5/1.5$
„		—		$5/6$
glatt, Hornhauttrübung	24	—	—	$5/10$
glatt	24	—	—	$5/10$
„		—		$5/15$
engt sich mehrmals die Wunde, itis chronica, Ablatio retinae	35	0	—	—
glatt	21	Finger in 1 m	Glaucom. chronic.	$5/20$
„	18	$5/20$	31. I. 92 Discissio	$5/10$
„	30	$5/6$	—	$5/5$
t, Aetzung der Wundränder		$5/6$		$5/5$
glatt	17	$5/15$	—	$5/10$
„	17	$5/30$	4. XI. Discissio	$5/10$
glatt, schwarze Pupille	23	Finger in 3 m	Atrophia nerv. optici. Opacitates corp. vitr.	—
glatt	17	$5/30$	Atrophia nerv. optici, Opacitates corp. vitr.	$5/24$
„	30	$5/15$		$5/10$
„		$5/10$		$5/5$
itan-recidivirende Irisblutung	17	$5/30$	—	$5/10$
glatt	16	$5/6$	—	—
„	19	$5/20$	—	—
„	22	$5/50$	—	$5/10$
bergehende iritische Reizung	22	$5/10$	11. I. 92 Discissio	$5/10$
glatt	27	$5/10$	—	$5/5$
„		Finger in 4 m		$5/10$
„	17	$5/10$	—	—
e Uebernarbung der in der Wunde en Glaskörperblase, starke Conj.	28	$5/50$	—	—
at., einseitige Iriseinheilung glatt, reine Pupille	22	1/z	Ablatio retinae	—
glatt	18	$5/20$		—

Sechstes Hundert.

Nr.	Name		Alter	Zustand des Auges und des Staares	Tag der Operation	Operation
582	Anna Sch.	L.	35	Cat. praesen. mat.	29. IX.	glatt
583	Magdalena H.	R.	67	Cat. sen. mat.	1. X.	„
584	Karl L.	R.	25	Cat. traum. Synechieen. post.	1. X.	glatt, Critschett
585	Maria R.	R.	58	Cat. sen. mat.	5. X.	glatt
586	„ „	L.			9. X.	„
587	Josef S.	R.	50	Cat. mat.	5. X.	„
588	Franz S.	R.	31	Cataract. traum.	16. X.	„
589	Natalie R.	R.	?.	Cat. fer. mat. Colob. praep.	19. X.	„
590	Mathilde H.	L.	58	Cat. sen. mat.	19. X.	„
591	Barthol. K.	L.	44	Cat. complic. mat. Colob. praep.	19. X.	„
592	Henriette v. L.	L.	63	Cat. nucl. fer. mat.	24. X.	„
593	Agathe K.	L.	72	Cat. sen. mat.	24. X.	„
594	Gaudenz M.	L.	56	Cat. sen. mat.	24. X.	„
595	Marie F.	L.	63	Cat. sen. mat.	26. X.	„
596	Josef G.	L.	61	Cat. mat. Colob. praep.	2. XI.	„
597	Max N.	L.	20	Cat. zonul. Colob. praep.	4. XI.	„
598	Crescenz F.	R.	60	Cat. capsul. post. accret. Colob. praep.	9. XI.	Critschett, glatt

1892. München.

| 599 | Xaver W. | R. | 63 | Cat. mat. | 7. I. | glatt |
| 600 | Monika U. | R. | 74 | Cat. mat. | 7. I. | „ |

Heilungsverlauf	Dauer der Behandlung	Sehschärfe bei der Entlassung	Nachoperation	Endliche Sehschärfe
glatt	18	$5/20$	15. VIII. 92 Discissio	$5/8$
„	14	$5/15$	—	—
„	18	$1/\infty$	dichte Glaskörpertrübung	—
„	}20	$5/50$	—	$5/10$
„		$5/15$	—	$5/10$
glatt, trotz Wundsprengung	15	$5/50$	—	$5/9$
glatt	15	$5/6$	—	—
„	16	$5/10$	Discissio	$5/5$
„	18	$5/6$	—	$5/6$
„	16	$1/\infty$	Ablatio retinae totalis.	—
„	16	$5/6$	—	—
„	18	$5/15$	—	$5/10$
„	17	$5/5$	—	$5/5$
„	23	$5/6$	—	$5/5$
glatt, Nachstaar	16	—	—	—
glatt, Nachstaar	13	—	16. III. 92 Extract. cat. sec.	$5/10$
glatt	16	—	16. II. 92 Discissio.	$5/10$
„	15	$5/10$	—	$5/10$
„	15	$5/10$	—	—

In diesem 6. Hundert haben wir 96 gute Erfolge zu verzeichnen. Es erreichten $^5/_5$ und $^5/_6$ 30 Patienten, $^5/_9$, $^5/_{10}$ und $^5/_{12}$ 40, $^5/_{15}$, $^5/_{20}$ und $^5/_{30}$ 11 Operirte. In 3 Fällen, die ohne Sehprobe entlassen wurden, lag uncomplicirter Nachstaar vor. 2 mal fand sich totale Netzhautablösung, 2 mal vollkommene bindegewebige Organisation des Glaskörpers und blieb daher der Visus derselbe wie vor der Operation. Eine Sehschärfe geringer als $^5/_{30}$, zwischen $^5/_{50}$ und Finger in 2 m. entsprechend den Complicationen schwankend, zeigten 8 Fälle; es lagen vor Glaucoma chronicum (2 mal), Opacitates corp. vitr. (2 mal), Amblyopia congenita (2 mal), Chorioiditis centralis (1 mal), Atrophia nerv. optici (1 mal).

Mässiger Erfolg wurde erzielt in 2 Fällen.

In dem einen derselben kam am 10. Tage eine leichte schleichende Cyclitis mit Hypopyonbildung zu Stande, welche weder der Anwendung von feuchter Wärme, starken Dosen von Natron salicylicum, noch einer allgemeinen Inunctionskur wich. Die Pupille stand etwas höher als normal und lag offenbar eine allerdings äusserlich nicht sichtbare Einklemmung des bei der Iridectomie stehen gebliebenen Ciliartheils der Iris vor, was Zerrung und dadurch Hyperämie des Ciliarkörpers bewirkte. Der Pupillarrand zeigte keinerlei Neigung zu Verwachsungen, die Pupille war rein von Nachstaar und es fand keinerlei Exsudatbildung in dieselbe statt. Die Sehprobe wurde, da Patientin mit gereiztem Auge entlassen wurde, nicht gemacht, doch haben nachträglich eingezogene Erkundigungen ergeben, dass die Entzündung sich mit der Zeit gegeben hat und die Sehkraft nicht schlecht gewesen ist.

Im 2. Falle, der mit einer Sehschärfe von nur $^5/_{50}$ entlassen wurde, war bei der Operation Glaskörperprolaps eingetreten. Die Heilung war durch langsames Abschleifen des in der Wunde eingeklemmten Glaskörpers und langsames Uebernarben des in der Wunde vorgefallenen einen Irisschenkels verzögert, verlief aber relativ reizlos. Pupille und Glaskörper waren rein; dagegen bestand hochgradiger Astigmatismus und dieser war wohl hauptsächlich Schuld an dem schlechten Ausfall der Sehprobe.

Zwei Augen gingen verloren:

Das eine durch Hornhautvereiterung; es handelte sich um einen 79jährigen Mann, der sein anderes Auge durch ein eitriges Hornhautgeschwür bereits verloren hatte. Es bestand Ectropium catarrhale. Die Thränenpunkte waren usurirt, wenigstens war es unmöglich auch mit feinen Sonden hineinzukommen. Das Durchspritzen des Sackes wurde daher als unmöglich und deshalb auch unnöthig unterlassen. Der bestehende chronische Conjunctivalkatarrh wurde einige Tage mit Argent. nitricum behandelt. Die Operation verlief glatt; doch konnte es bei der Enge der Lidspalte und der grossen Unruhe des Patienten nicht vermieden werden, dass der obere Lidrand mit der Wunde in Berührung kam, was sonst stets nach Möglichkeit vermieden wird. Am Tag nach der Operation zeigte sich, obgleich der Patient bereits am Abend nicht mehr geklagt hatte, beginnende Wundeiterung, die durch Cauterisation nicht aufzuhalten war und zu eitriger Einschmelzung der Cornea führte. Wie die spätere Untersuchung des anderen Auges lehrte, liessen sich aus den Meibohm'schen Drüsen der Lider dicke eiterähnliche Pfröpfe ausdrücken und dürfte wohl auf dieses infectiöse Sekret die Wundinfection zurückzuführen sein. Es wird daher seit dieser Zeit bei Augen mit irgendwie verdächtiger Conjunctiva und nicht ganz normalen Lidrändern nach derartigen Verfüllungen der Meibohm'schen Drüsen gefahndet und dieselben mehrmals vor der Operation ausgedrückt.

Der 2. Verlust betraf eine Frau, deren anderes Auge bereits vor Jahren, als sie noch ein Kind war, einer Staaroperation zum Opfer gefallen war. Es lag typischer dichter Schichtstaar vor; nur eine ganz schmale Zone war frei von Trübung und erlaubte der Patientin, da angeborene Aniridie vorlag, nothdürftig allein zu gehen. Die Hornhaut zeigte alte Flecken. Die Frau wünschte dringend die Entfernung des Staares, obgleich ihr klar gemacht wurde, dass es ein complicirtes Leiden sei und man sicheren Erfolg nicht versprechen könne. Die Discission war bei dem Alter der Frau (44 Jahre) nicht mehr thunlich und wurde daher in Narkose die Extraction vorgenommen, indem noch scherzweise gesagt wurde, dass ein eventuelles Zurückbleiben von Corticalresten bei dem Fehlen der Iris wohl keine Reizung, auf keinen Fall eine Iritis hervorrufen werde. Die Operation verlief glatt. Corticalreste blieben aber zurück und etwas Blut füllte die Kammer; der Verbandwechsel am nächsten Morgen ergab keine Besonderheiten. Blut und Corticalreste waren natürlich noch nicht resorbirt und daher erklärlich, dass es der Patientin auffiel, dass sie nun schlechter sähe, als vorher; dass es nur ein vorübergehender Zustand sei, war ihr nicht klar zu machen; sie gerieth in eine unbeschreibliche Wuth, schrie, schlug um sich und erklärte, bei Gericht klagen zu wollen. Die Folge dieses unvernünftigen Benehmens war, wie der Abends vorgenommene Verbandwechsel zeigte, eine schwere Wundsprengung. Die Wunde war gebläht und hämorrhagisch, die ganze Kammer mit frischem Blut gefüllt; die nächsten Tage brachten Besserung; das Blut begann sich bereits zu resorbiren, als ein heftiger Niesanfall zu neuer Wundsprengung führte. In der Folgezeit zog sich die Patientin, die sich fortdauernd in der unvernünftigsten Weise benahm, noch 2 mal Wundsprengung zu, das letzte Mal, indem sie ohne Führung das Zimmer verliess und sich mit dem Auge anstiess. Diese fortgesetzten Traumen — es braucht das wohl kaum einer Erwähnung — nahm das Auge mit der Zeit doch übel; es kam zu chronischer Cyclitis, die Narbe zog sich mehr und mehr ein und es entwickelte sich allmählich Phthisis bulbi.

Die sonstigen Complicationen der Heilung führten zu keiner oder doch nur unwesentlichen Störung des Endresultates.

Sie bestanden in leichter iritischer Reizung genuiner Natur (2 mal), traumatisch-iritischer Reizung nach Glaskörperprolaps (1 mal), Reizung durch quellende Corticalreste (2 mal). Wir finden ferner als unwesentlichere Störungen: Wundsprengung mit Hämophthalmus (1 mal), recidivirende Irisblutung (1 mal), stark verlangsamten Wundschluss (1 mal), leichte Iriseinheilung (1 mal), einseitigen Irisprolaps (2 mal), Sublimatätzung der Conjunctiva (1 mal) und Trübung der Cornea (2 mal). In 82 Fällen verlief die Heilung ohne jeglichen Zwischenfall.

In 2 Fällen wurde ohne Iridectomie operirt. In beiden war das Resultat ein gutes. Im ersten blieb jedoch nach der Extraction ein so dichter Nachstaar zurück, dass das primäre Sehresultat gleich 0 war; der Nachstaar wurde später durch Extraction mit Fischer'scher Pincette entfernt, worauf das Resultat allerdings ein brillantes war (V. = $5/5$ — die Iris lag vollkommen richtig). Im 2. Falle wurde als primäre Sehschärfe $5/6$ erreicht; hier blieb eine leichte Anlöthung der peripheren Irispartie an der inneren Wunde zurück; der Wundastigmatismus war und blieb sehr bedeutend.

Kleinere Complicationen der Operationen bestanden darin, dass wieder einmal das Messer mit der Schneide nach unten eingeführt worden war; es wurde gedreht und die Operation anstandslos zu Ende geführt; einmal fiel der Schnitt zu klein aus und musste mit der Kniescheere nach beiden Seiten erweitert werden. Einmal wurde beim Gebrauch der Kapselpincette der Staar leicht luxirt, konnte aber reponirt und glatt extrahirt werden. Der Critschett muste 3 mal (stets bei complicirtem Staare) zur Extraction benutzt werden. Alle 3 Fälle heilten reactionslos.

Glaskörperprolaps am Schlusse der Operation finden wir 2 mal notiert. Die Heilung war beide Male glatt; der eine Fall wurde später discidirt und erhielt $5/10$ Sehschärfe; der andere wurde mit reizlosem Auge und in Resorption begriffenen Corticalresten entlassen.

Ausser dem bereits oben erwähnten Fall von Glaskörpervorfall vor der Entbindung des Kernes, trat dieses Ereigniss noch 3 mal ein, und zwar 2 mal bei Cataract. tremulans. Die Sehschärfe war in beiden Fällen eine den Complicationen entsprechende, verhältnissmässig gute. Das 3. Mal kam Glaskörper schon vor der Kapseleröffnung und wurde die Linse in der Kapsel mit Critschett extrahirt. Die Heilung war eine sehr günstige. Die Sehschärfe betrug $5/10$.

Siebentes Hundert.

Vom 8. Januar 1892 bis 11. April 1892.

Nr.	Name	Alter		Zustand des Auges und des Staares	Tag der Operation	Operation
601	Monika U.	L.	74	Cat. fer. mat.	18. I.	Unterbindung der Thränenröhchen, glatt
602	Martin K.	L.	64	Cat. sen. mat.	8. I.	glatt
603	Theresia Sch.	L.	71	Cat. mat.	9. I.	„
604	Quirin G.	L.	79	Cat. hypermat.	8. I.	Kern mit Kapselpincette luxir Corpus, Critschett
605	Josef St.	R.	61	Cat. mat.	9. I.	glatt
606	Georg K.	R.	55	Cat. fer. mat.	11. I.	glatt, trotz kleinen Schnittes u dadurch erschwerter Entbindur
607	Maria L.	L.	58	Cat. mat.	12. I.	glatt
608	„ „	R.		Cat. fer. mat.	12. I.	„
609	Georg Sch.	R.	56	Cat. hypermat.	13. I.	„
610	„ „	L.		Cat. mat.	23. I.	„
611	Laura P.	R.	62	Cat. nucl. mat.	14. I.	Leichter Glaskörperprolaps na Entbindung des Kernes
612	Franz B.	R.	56	Cat. sen. mat.	14. I.	glatt
613	„ „	L.		Cat. sen. fer. mat.	22. I.	„
614	Auguste H.	L.	54	Cat. fer. mat.	15. I.	glatt, minimales Colobom
615	Anna Bl.	R.	41	Cat. praesen. fer. mat.	15. I.	glatt
616	Katharina B.	L.	60	Cat. sen. mat.	16. I.	„
617	Georg St.	R.	7	Cat. aridosiliq. complic.	16. I.	glatt in Narkose
618	Andreas B.	R.	40	Cat.dur.mat.Colob.praep.	19. I.	glatt
619	Philipp H.	L.	55	Cat. tum.	20. I.	„
620	Stanislaus E.	L.	50	Cat. tum. Colob. praep.	20. I.	glatt in Narkose
621	Barbara H.	R.	59	Cat. nucl. fer. mat.	21. I.	„
622	Josef W.	L.	59	Cat. mollis	21. I.	„
623	Lorenz J.	R.	50	Cat. sen. mat.	22. I.	„
624	Rosina M.	R.	48	Cat. mat. Colob. praep.	23. I.	glatt (Corticalreste)
625	Maria M.	L.	75	Cat. mat.	25. I.	glatt
626	Mathias E.	R.	60	Cat. mat.	28. I.	„
627	Barbara L.	R.	60	Cat. fer. mat.	29. I.	„
628	Adalbert B.	R.	54	Cat. mat. tum. Dakryocystoblennorrhöa	29. I.	19. I. Exstirpat. sacci. lacrim. I traction glatt, am Schluss etv Glaskörper
629	Vincentia P.	L.	55	Cat. sen. fer. mat. tum.	1. II.	glatt
630	Bonifacius K.	L.	72	Cat. sen. mat.	1. II.	„
631	Crescenz R.	R.	71	Cat. sen. mat.	1. II.	Corpusprolaps, Critschett
632	Johann Sch.	R.	65	Cat. mat. tum.	3. II.	glatt
633	Candidus B.	R.	80	Cat. mat.	3. II.	„
634	Michael E.	L.	40	Cat. fer. mat. nucl.	4. II.	glatt, Cornealschnitt
635	Jacob P.	L.	62	Cat. mat.	6. II.	glatt
636	Sebastian E.	L.	77	Cat. hypermat.	6. II.	„
637	Johann R.	L.	61	Cat. hypermat.	5. II.	„
638	„ „	R.		Cat. mat.	13. II.	„
639	Maria W.	R.	58	Cat. mat.	8. II.	„
640	„ „	L.		Cat. mat.	8. II.	„

Heilungsverlauf	Dauer der Behandlung	Sehschärfe bei der Entlassung	Nachoperation	Endliche Sehschärfe
te Reizung durch quellende Cortical- reste	22	$5/50$	—	—
glatt	17	$5/15$	—	$5/5$
"	16	—	2. II Discissio	$5/10$
"	17	Finger in 5 m	—	$5/15$
"	15	$5/10$	Discissio 7. III.	$5/9$
te Reizung in Folge von Anlöthung r Sphincterecken am Nachstaar	28	$5/20$	—	—
glatt	}17	$5/10$	—	$5/9$
"		$5/9$	—	$5/6$
"	}25	$5/10$	—	$5/10$
"		$5/10$	—	$5/10$
"	26	$1/24$	Discissio cat. sec. 21. VII. Atrophia chorioideae	Fing. i. 4 m
"	}24	$5/10$	18. III. Discissio	$5/5$
"		$5/30$		$5/10$
alreste haben sich noch nachträglich geschoben, Irisprolaps, 9. II. cauterisirt, glatte Vernarbung	34	—	—	$5/5$
glatt	13	$5/10$	—	—
"	12	$5/10$	—	$5/10$
"	17	0	Ablatio retinae totalis	—
"	17	$5/15$	—	—
starkes Sublimateczem der Lider	16	$5/15$	—	$5/10$
glatt	21	Finger in 4 m	25. III. 92 Extract. cat. sec.	$5/12$
limatschwellung der Conjunctiva	18	$5/10$	2. I. 93 Discissio	$5/6$
glatt	14	$5/15$	—	—
"	17	$5/15$	—	$5/12$
"	17	$5/10$	—	—
"	23	$5/10$	—	—
Wundsprengung, glatt	18	$5/6$	—	—
glatt, Nachstaar	20	$5/15$	—	$5/9$
	26	$5/20$	—	—
glatt	27	$5/15$	—	$5/6$
"	15	$5/15$	—	$5/6$
"	24	$5/10$	—	—
auf's Auge, Wundsprengung, starke rkammerblutung, traumatische cyclitische Reizung	24	—	—	$5/6$
en, Wundsprengung, glatte Heilung	30	$5/10$	—	—
le bleibt 16 Tage offen, Heilung mit Anlöthung der Iris	37	$5/10$	7. VII. Iridotomie	$5/20$
Verlangsamter Wundschluss	21	$5/15$	24. III. Discissio	$5/10$
glatt	24	$5/15$	—	—
att, verlangsamter Wundschluss	}26	$5/10$	—	—
"		$5/10$	—	—
glatt	}16	$5/30$	} Discissio 23. III. 93	$5/15$
"		$5/10$		$5/9$

Siebentes Hundert.

Nr.	Name	Alter		Zustand des Auges und des Staares	Tag der Operation	Operation
641	Franz B.	L.	66	Cat. mat.	9. II.	Erschwerte Entbindung, Patella will sich einstellen
642	Ottilie Sch.	L.	61	Cat. hypermat.	10. II.	glatt, schwere Entbindung
643	„ „	R.		Myopia excessiva	20. II.	Schnitt zu klein, Critschett
644	Amalie L.	L.	47	Cat. praes. mat.	10. II.	Schnitt zu klein, Entbindung erschwert
645	Karl W.	L.	58	Cat. sen. mat.	11. II.	glatt
646	„ „	R.			16. II.	
647	Michael V.	R.	42	Cat. accret. Seclusio et Occlusio pup.	11. II.	glatt in Narkose
648	Joh. Bapt. K.	L.	34	Cat. praes. fer. mat.	12. II.	glatt
649	Johann B.	L.	45	Cat. praes. mat.	12. II.	„
650	Johann M.	R.	68	Cat. traum. mat.	13. II.	
651	Adam G.	R.	75	Cat. mat.	15. II.	glatt, starker Druck, da Schnitt zu klein
652	Theres. Sch.	R.	65	Cat. nucl. mat.	17. II.	glatt, Entbindung durch Kleinhe des Schnittes erschwert
653	Martin M.	R.	70	Cat. hypermat.	17. II.	Kern mit Kapselpincette leicht luxirt
654	Johann R.	R.	61	Cat. mat.	17. II.	glatt
655	Anna Sch.	R.	23	Cat. moll. Colob. praep.	18. II.	„
656	Barbara R.	L.	64	Cat. mat.	18. II.	„
657	Johann M.	L.	62	Cat. mat.	19. II.	glatt, Critschett
658	Ursula B.	L.	59	Cat. mat. Synechiae post. Colob. praep.	19. II.	glatt, Critschett
659	Ignaz H.	R.	59	Cat. fer. mat. tum.	20. II.	glatt
660	Jakob D.	R.	72	Cat. mat. tum.	24. II.	„
661	Apoll. Sch.	R.	71	Cat. hypermat.	25. II.	„
662	Georg B.	R.	72	Cat. nucl. mat.	25. II.	„
663	Babetta K.	L.	69	Cat. nucl. fer. mat. Epiphora. Conjunct. chron. levissim.	26. II.	Unterbindung der Thränenröhrchen, glatt
664	Margaretha L.	R.	59	Cat. sen. mat. Maculae.	27. II.	glatt
665	Johann B.	R.	73	Cat. sen. mat.	2. III.	„
666	„ „	L.			10. III.	
667	Anna M.	L.	67	Cat. mat.	2. III.	„
668	Karoline P.	L.	72	Cat. sen. mat.	3. III.	„
669	„ „	R.			9. III.	„
670	Augustin S.	L.	60	Cat. mat. tum.	3. III.	„
671	Eduard G.	L.	59	Cat. traumat.	4. III.	glatt, Critschett
672	Johann L.	L.	32	Cat. tum. complic.	4. III.	glatt
673	Ludwig W.	R.	54	Cat. mat. Colob. praep.	4. III.	„
674	Anna R.	L.	67	Cat. sen. mat.	8. III.	„
675	Elise M.	L.	72	Cat. mat.	9. III.	„
676	Anna W.	R.	64	Cat. mat.	10. III.	„
677	Anna G.	L.	52	Cat. mat. Diabetes	10. III.	„
678	Anna B.	L.	71	Cat. fer. mat.	14. III.	„
679	Elisabeth N.	R.	78	Cat. nucl. mat.	14. III.	„
680	Johann H.	R.	54	Cat. mat.	14. III.	„

Siebentes Hundert. 105

Heilungsverlauf	Dauer der Behandlung	Sehschärfe bei der Entlassung	Nachoperation	Endliche Sehschärfe
ut reizlose Heilung, Aetzung der Wundränder, Cornealtrübung	18	$5/6$	—	$5/6$
glatt	}42	$5/50$	Chorioiditis myopica	—
Sublimatreizung, Iridocyclitis chron.		—	Cat. sec. complic.	—
Hornhauttrübung, glatt	15	$5/15$	Discissio 24, I. 93	$5/10$
glatt	}24	$5/24$	—	$5/9$
„		$5/15$	—	$5/15$
glatte Wundheilung	18	—	Zur Iridotomie bestellt	—
glatt, trotz Wundsprengung	16	$5/10$	—	$5/5$
glatt	14	$5/15$	24. I. 93. Discissio	$5/10$
„	17	$5/30$	Opacitates corporis vitr.	$5/18$
hauttrübung, sonst glatt, Delirien, tadelloses Extractionsresultat	19	$5/50$	—	—
glatt	19	$5/10$	—	$5/6$
„	16	$5/10$	—	$5/9$
„	15	$5/10$	3. VIII. Discissio	$5/10$
„	15	$5/10$	3. VIII. Discissio	$5/10$
„	20	$5/12$	—	$5/9$
„	17	$5/10$	—	—
e traumatisch-cyclitische Reizung, am Schluss glatt	16	—	Ablatio retinae	—
glatt trotz Wundsprengung	17	$5/10$	27. XI. Discissio	$5/6$
glatt	14	$5/15$	19. VII. Discissio	$5/10$
„	12	$5/30$	—	
„	16	$5/10$	29. III. 93 Discissio (Cystitom)	$5/10$
se Heilung, lange Zeit bestehende vordere Kammerfistel	25	$5/6$	Januar 1893: Panophthalmie	—
glatt	13	$5/20$	—	—
„	}47	—	—	—
ocyclitis acuta, Seclusio pupillae		—	—	—
glatt	18	$5/6$	—	—
„	}22	$5/10$	—	—
„		$5/20$	—	—
„	16	$5/15$	—	—
Hornhauttrübung, glatt	15	$5/18$	—	$5/18$
glatt	13	—	Atrophia nerv. optic.	—
„	12	$5/20$	—	—
„	17	$5/12$	—	—
glatt, trotz Wundsprengung	23	Finger in 5 m	25. VIII. Discissio, Glaskörpertrübungen	$5/50$
glatt	14	$5/10$	—	—
„	14	$5/18$	—	—
„	21	$5/15$	25. VI. Discissio	$5/5$
„	16	$5/30$	—	—
„	15	$5/6$	—	—

Siebentes Hundert.

Nr.	Name		Alter	Zustand des Auges und des Staares	Tag der Operation	Operation
681	Martin H.	R.	56	Cat. mollis	15. III.	glatt
682	Helene E.	R.	39	Cat. praesen.	16. III.	„
683	Johann St.	R.	74	Cat. mat.	16. III.	„
684	Anselm v. L.	R.	61	Cat. nucl. immat. Colob. praep.	20. III.	„
685	Andreas H.	R.	58	Cat. fer. mat. tum.	21. III.	glatt, Cornealschnitt
686	Clara G.	L.	62	Cat. sen. mat. Myopia excessiva	23. III.	glatt
687	Crescenz Z.	L.	66	Cat. mat. accret. Colob. artific.	23. III.	glatt, Corticalreste
688	Anton M.	L.	59	Cat. mat. Morgagniana	28. III.	glatt
689	„ „	R.		Cat. mat. tum.		„
690	Mathias B.	R.	34	Cat. mat.	29. III.	„
691	„ „	L.				„
	Meran.					
692	Genoveva D.	R.	67	Cat. nucl. fer. mat.	7. IV.	„
693	„ „	L.			7. IV.	„
694	Johann S.	R.	73	Cat. mat.	8. IV.	„
695	Elisabeth R.	R.	65	Cat. mat.	9. IV.	„
696	Maria E.	L.	59	Cat. mat.	9. IV.	„
697	Maria B.	R.	75	Cat. sen. mat.	11. IV.	„
698	„ „	L.			16. IV.	„
699	Johann O.	L.	67	Cat. fer. mat.	11. IV.	„
700	Anna M.	L.	59	Cat. nucl. fer. mat.	11. IV.	„

Heilungsverlauf	Dauer der Behandlung	Sehschärfe bei der Entlassung	Nachoperation	Endliche Sehschärfe
glatt	15	$5/20$	—	$5/9$
"	18	$5/18$	14. VII. Discissio	$5/9$
Wundsprengung und lange Zeit ehobener Vorder-Kammer glatt	27	$5/5$	—	$5/5$
glatt, trotz Wundsprengung	22	$5/18$	Glaskörpertrübungen	$5/18$
hr unruhig, hat beständig Heimweint alle Augenblicke, verlangter Wundschluss, Corticalreste, cyclitische Reizung	21	—	—	—
trotz Delirien glatt	20	$5/24$	—	$5/24$
Heilung, Corticalreste zertheilen sich	20	—	22. VI. 92 Iridotomie	Fing. in 2 m
trotz beiderseitiger Wundsprengung	}21	$5/9$ $5/30$	} 12. VII. Discissio	$5/5$ $5/6$
glatt	}18	—	} Beiderseits reine	—
glatt, trotz Wundsprengung		—	schwarze Pupille	—
glatt beide Augen lange	}35	—	} Atrophische Herde in	Fing. in 4 m
glatt Zeit empfindlich		—	der Macula lutea	Fing. in 4 m
glatt, trotz Wundsprengung	29	$5/10$	—	$5/10$
glatt	15	$5/10$	—	$5/10$
er Husten, einseitiger Irisprolaps, reizlose Heilung	28	$5/15$	—	$5/15$
glatt	}24	$5/10$ $5/10$	—	$5/10$ $5/10$
"	17	$5/6$	—	—
latt, Auge lange Zeit injicirt	30	$5/10$	—	$5/10$

Trotz vielfacher übler Zufälle in der Heilungsperiode schliesst diese Serie mit einem sehr günstigen Resultate ab. Ein primärer Verlust war nicht zu beklagen. Wir zählen 96 gute Erfolge. Von den operirten Augen bekamen 20 eine Sehschärfe von $^5/_5$ und $^5/_6$, 41 eine solche von $^5/_9$, $^5/_{10}$ und $^5/_{12}$, 17 erreichten $^5/_{15}$ und $^5/_{20}$, 4 $^5/_{24}$ und $^5/_{30}$. 4 Fälle mit gutem Heilresultat wurden ohne genauere Sehprobe, aber alle sehend entlassen. In 4 weiteren Fällen wurde trotz gelungener Operation ein Seherfolg nicht erzielt. Die Complicationen bestanden in Ablatio retinae (2 mal), Atrophia nerv. optici und Glaucom. secund. absolut. In allen diesen Fällen war der Patient auf die Unwahrscheinlichkeit oder Unmöglichkeit eines Erfolges aufmerksam gemacht und wurde die Operation nur auf seinen dringenden Wunsch vorgenommen. Ein Fall, der mit Nachstaar und V = $^5/_{50}$ entlassen wurde, kam nicht wieder zur Beobachtung. Die Discission hätte sicher Besserung erzielt. Geringere Sehschärfe ($^5/_{50}$, Finger in 2 m) war ferner bedingt: 2 mal durch Myopia excessiva mit angeborner Atrophie der Chorioidea, 2 mal durch alte retinale Hämorrhagien der Macula lutea, einmal durch Glaskörpertrübungen. In allen Fällen war der Operationserfolg ein voller.

Ein guter Erfolg ($^5/_{20}$) wurde durch eine einfache Discission mit Knapp's Messer, bei welcher der Glaskörper etwas zu ausgiebig verletzt wurde, in einen mässigen Erfolg verwandelt, indem sich nach der Discission starke Glaskörpertrübungen, die allerdings theilweise schon vorher vorhanden gewesen waren, einstellten. Die Sehschärfe wurde dadurch auf $^5/_{50}$ herabgesetzt, doch ist die Hoffnung, dass sich diese Trübungen theilweise wieder verloren haben, wohl nicht unberechtigt.

3 mal wurde der gute Operationserfolg durch Störungen im Heilverlauf in Frage gestellt.

Einmal kam es, nachdem die Operation wegen Unruhe der Patientin grosse Schwierigkeiten bereitet hatte und wegen Kleinheit des Schnittes der Critschett zur Extraction benutzt werden musste, zu chronischer Cyclitis mit Hypopyonbildung, welche zu Verwachsungen des Pupillarrandes mit dem zurückgebliebenen Nachstaar führte. Patientin sah bei der Entlassung Finger vor dem Auge. Durch Iridotomie wäre sicher ein befriedigendes Resultat erzielt worden.

Im 2. Falle trat eine heftige Iritis mit Exsudatbildung in's Pupillarbereich auf und führte nach kurzem Bestehen zu Cataract. secundaria complicata. Durch einfache Capsulo- oder Iridotomie wäre dem bestehenden Pupillarverschluss leicht abgeholfen worden, doch hat sich Patient nicht mehr sehen lassen, da das andere Auge mit gutem Erfolg operirt war. Erkundigungen haben ergeben, dass der Betreffende auch mit dem schlechter geheilten Auge etwas sieht.

In einem 3. Falle hatte sich der Patient das wenig befriedigende Resultat selbst zuzuschreiben, indem er sich absolut nicht ruhig hielt und beständig vor Heimweh weinte. Es kam in Folge dessen zu verlangsamtem Schluss der Cornealwunde. Iris und Kapsel lötheten sich an die Wunde an, die Hornhaut, welche stark getrübt war, hellte sich sehr langsam auf und es kam in Folge der Kapselanheilung zu leichter schleichender Cyclitis. Der Betreffende war bei der Uebersiedlung nach Meran noch in der Anstalt, musste aber wegen fortdauerndem Heimweh nur halb geheilt entlassen werden und es ist daher über das Endresultat nichts Genaues zu sagen. Im schlimmsten Falle dürfte es zu Pupillarverschluss gekommen sein. Ob und wo sich Patient einer Nachoperation unterzogen hat, ist unbekannt geblieben.

Es darf nicht verschwiegen werden, dass ein mit einer Sehschärfe von $5/6$ aufgeführtes Auge noch nachträglich ein trauriges Ende genommen hat. Da aber der Verlust nur ganz in 2. Linie der Operation zur Last fällt, so konnte man sich nicht entschliessen, ihn unter die Operationsverluste einzureihen. Frau Babette K. wurde am 26. II. 92 wegen Cataract. nuclearis fere mat. operirt. Da die Ausspritzung des Thränensackes eine

Stenose des Thränenkanals ergeben hatte, die sich äusserlich nur durch leichte Epiphora documentirte, so wurden vorsichtshalber die Thränenröhrchen unterbunden. Die Operation verlief glatt. Am nächsten Tage war die Wunde geschlossen, das Auge reizlos. In der folgenden Nacht war Patientin im Schlaf erschrocken. Am Morgen zeigte sich die Kammer aufgehoben und etwas Blut am Boden. Seitdem bestand 3 Wochen hindurch eine Fistel. Die Kammer war lange Zeit gar nicht vorhanden, später flach. Erst am 24. Tage schloss sich die Wunde vollständig. Als Zeichen der langwierigen Fistel blieb in der inneren Wundecke eine minimale wasserhelle Cyste. Die Colobomschenkel lagen regelmässig; Pupillarrand war frei, Pupille rein, schwarz. Im Sommer stellte sich die Frau zur Brillenprobe ein; das Auge war tadellos V. = $5/6$, die kleine Cyste bestand aber noch. An ein Cauterisiren der wirklich äusserst unschuldig aussehenden Cyste konnte nicht gedacht werden: Die Patientin hätte sich dazu in keinem Falle entschlossen. Im Januar 93 hat sich nun die Frau beim Ausklopfen von Betten, wobei es auch viel Staub gab, an's Auge geschlagen; nur ganz leicht allerdings, doch verspürte sie schon am Abend Schmerzen. Tags darauf war das Auge entzündet; doch erst den folgenden Tag, als die Erscheinungen stürmischer wurden, entschloss sie sich, Rath zu erholen. Es bestand eine floride infectiöse Iridocyclitis mit Infiltration der inneren Hälfte der alten Narbe. Die ganze vordere Kammer war bereits mit Exsudat erfüllt. Trotz sofortiger Cauterisation mit Eröffnung der vorderen Kammer konnte der Prozess nicht mehr aufgehalten werden und es kam zur Panophthalmie. Offenbar ist durch den Schlag gegen das Auge die kleine Cyste geplatzt und so war den Infectionskeimen Thor und Thür geöffnet; ob dieselben nun von aussen zugeführt wurden oder bereits in der Conjunctiva ansässig waren — wir haben schon oben erwähnt, dass eine Stenose des Thränensackes, allerdings ohne offenkundige Sekretion bestand — muss dahingestellt bleiben. —

Sonstige Störungen der Heilungen bestanden in leichter iritischer Reizung (3 mal, nach Operation von complicirten Staaren) und cyclitischer Zerrungsreizung (gleichfalls 3 mal). Für das Endresultat waren sie belanglos.

Auffallend häufig (11 mal) kam es zu schwerer Wundsprengung. Dieselben sind aber ausnahmslos günstig für's Auge verlaufen; besonders sei es erwähnt, dass niemals Einheilung der Iris die Folge war; die erzielte Sehschärfe war immer eine gute. — 6 mal ferner finden wir verlangsamten Wundschluss; aber nur in einem dieser Fälle — die Wunde lag in der Cornea und war 16 Tage offen -- kam es zu Iris- und Kapselanheilung; bei den 5 anderen Augen lag die Wunde peripherer und schloss sich, als wenn sie sich primär geschlossen hätte. Die Sehschärfe war stets eine gute.

Einseitiger Irisprolaps fand sich 2 mal. Das eine Mal vernarbte er spontan und verschwand vollkommen. Das 2. Mal wurde, da die Vernarbung zu langsam ging, nach 24 Tagen die Cauterisation des Vorfalls vorgenommen, worauf sich eine glatte feste Narbe ausbildete. Die Sehschärfe war $^5/_5$. 4 mal finden wir Hornhauttrübung, 2 mal verbunden mit jener obenbeschriebenen Verätzung der Wundränder und Sedimentbildung in der vorderen Kammer. Einmal fand sich starke Sublimatreizung der Conjunctiva. Alle heilten gut und bekamen gute Sehschärfe.

Ganz ungestörte Heilungen finden wir entsprechend den zahlreichen genannten, wenn auch, ohne dauernden Schaden zu stiften, verlaufenen Störungen, nur 67. Delirien kamen 3 mal vor.

Operationszufälle sind nur wenige zu melden; 4 mal wurde der Critschett angewandt; 2 mal war der Schnitt zu klein ausgefallen und konnte die Extraction nur mit dem Tractionsinstrument bewerkstelligt werden; einmal handelte es sich um Cataract. traumatica, einmal um Cataract. accreta complicirt mit Ablatio retinae. Nur einmal, wie wir oben schon genauer besprochen haben, war seine Anwendung von einer Reizung gefolgt.

2 mal (beides Mal bei überreifen Staaren) entstand leichte Luxation des Staares in Folge Gebrauchs der Kapselpincette; das eine Mal liess er sich reponiren und anstandslos extrahiren ($V = 5/9$). Das andere Mal musste der Critschett in Function treten und trat die Cataract mit einer Drehung um ihre frontale Achse aus; dabei kam es zu Corpusprolaps ($V = 5/15$).

3 mal kam es zu Glaskörperprolaps bei der Toilette. Alle Mal glatte Heilung ($V = 5/20$ — Corticalreste — $V = 5/10$ — $V =$ Finger in 4 m. — Atrophia chorioideae).

Achtes Hundert.

Vom 12. April 1892 bis 30. Juni 1892.

Achtes Hundert.

Nr.	Name		Alter	Zustand des Auges und des Staares	Tag der Operation	Operation
701	Crescenz Sp.	R.	55	Cat. sen. mat.	12. IV.	glatt
702	„ „	L.			20. IV.	glatt, doch müssen Corticalreste zurückgelassen werden
703	Barbara E.	L.	73	Cat. fer. mat.	12. IV.	glatt
704	Maria C.	R.	71	Cat. immat.	13. IV.	„
705	Johann P.	R.	64	Cat. nucl. mat.	13. IV.	„
706	Philippine G.	R.	70	Cat. hypermat.	16. IV.	Glaskörperprolaps, Critschett
707	„ „	L.		Cat. mat.	5. IV.	Bei der Entbindung Corpus
708	Rosina O.	L.	62	Cat. sen. mat.	21. IV.	glatt
709	„ „	R.			7. V.	„
710	Anna N.	R.	65	Cat. nucl. immat.	21. IV.	„
711	Elisabeth K.	L.	60	Cat. mat.	21. IV.	„
712	Maria S.	R.	41	Cat. sen. mat.	21. IV.	„
713	Theres. D.	L.	62	Cat. mat.	22. IV.	„
714	Maria L.	L.	64	Cat. hypermat.	22. IV.	„
715	Crescenzia M.	R.	66	Cat. tum. immat.	22. IV.	„
716	„ „	L.		Cat. mat.	30. IV.	glatt, Corticalreste bleiben
717	Maria R.	L.	63	Cat. nucl. immat.	23. IV.	glatt
718	Elisabeth M.	R.	57	Cat. mat.	23. IV.	„
719	Euphemia N.	R.	67	Cat. mat.	23. IV.	„
720	Celeste D.	R.	63	Cat. mat.	23. IV.	„
721	Schwester P.	R.	60	Cat. mat. tum.	25. IV.	„
722	„ „	L.			25. IV.	„
723	Franz G.	R.	67	Cat. hypermat.	25. IV.	„
724	Giovanni Z.	R.	90	Cat. mat.	25. IV.	„
725	Franzesko D.	R.	71	Cat. mat.	26. IV.	glatt, Critschett
726	Michael Z.	L.	73	Cat. immat.	26. IV.	glatt
727	Anna N.	R.	62	Cat. mat.	27. IV.	„
728	Schwester X.	L.	65	Cat. mat. Synechiae post.	28. IV.	„
729	Josef R.	L.	77	Cat. hypermat.	28. IV.	„
730	Maria T.	R.	66	Cat. nucl. mat.	28. IV.	„
731	Eugen B.	L.	45	Cat. hypermat.	29. IV.	„
732	Matthäus T.	R.	68	Cat. mat.	29. IV.	Unterbindung der Thränenröhrchen, glatt
733	Josef O.	L.	71	Cat. mat.	2. V.	glatt
734	Peter W.	L.	50	Cat. fer. mat.	3. V.	„
735	Josef H.	L.	54	Cat. mat.	3. V.	„
736	Maria F.	R.	66	Cat. sen. mat.	3. V.	Trotz grosser Aufgeregtheit der Patientin Operation ohne Narkose, alle Momente erschwert, Schnitt zu klein, Critschett, Corticalreste bleiben zurück
737	„ „	L.			13. V.	glatt in Narkose
738	Barbara O.	L.	56	Cat. hypermat.	4. V.	glatt
739	Antonie F.	L.	69	Cat. mat.	4. V.	„
740	Anna E.	R.	60	Cat. hypermat. Leukom. corn.	5. V.	schon beim Schnitt flüssiger Glaskörper, Critschett, beständiger Glaskörperausfluss
741	Maria W.	L.	69	Cat. mat.	5. V.	glatt

Heilungsverlauf	Dauer der Behandlung	Sehschärfe bei der Entlassung	Nachoperation	Endliche Sehschärfe
glatt		$5/6$		
ärer Wundschluss, Quellung der Coreste, Reizung durch starkes Atropinäufeln beseitigt. Am 20. Tag Hypopyon, chron. Cyclitis	50	—	zur Iridotomie	—
glatt	19	$5/15$	—	$5/10$
„	20	$5/50$	—	$5/10$
„	19	$5/10$	—	$5/10$
lange Zeit cyclitische Reizung	49	Finger in 1 m	Nachstaar	—
„ „ „ „		$5/10$	—	—
„ glatt	36	$5/15$	—	—
„		$5/20$		
„	15	$5/15$	21. V. 92. Discissio	$5/20$
„	16	$5/12$	—	$5/10$
„	19	$5/10$	—	—
te Iritis serosa (nach Wundsprengung)	38	—	—	$5/6$
glatt	18	$5/10$	—	—
glatt, Nachstaar	34	$5/15$	—	—
		$5/50$	—	—
glatt	14	$5/20$	—	$5/6$
„	21	$5/9$	—	—
„	17	$5/6$	—	$5/15$
„	18	$5/9$	—	$5/6$
„	20	—	} Discissio 30. V.	$5/6$
„	20	—		$5/10$
„	18	$5/6$	—	$5/6$
„	17	$5/10$	—	—
„	21	$5/9$	—	—
„	31	$5/24$	—	—
„	18	$5/6$	—	$5/6$
reizlos, recidivirende Irisblutung		$5/15$	—	$5/10$
glatt	15	$5/9$	—	—
„	15	$5/10$	—	—
„	17	$5/12$	—	—
schwerer Wundsprengung im Delirium glatt	28	$5/15$	—	$5/6$
glatt	17	$5/12$	—	—
„	17	$5/9$	—	$5/9$
„	15	$5/12$	—	$5/6$
te traumatische Iritis, Nachstaar mit Synechieen	39	—	—	—
glatt, reine Pupille		—	—	—
glatt	19	$5/12$	—	$5/10$
glatter Heilverlauf	24	$5/50$	Dichte Glaskörpertrübung	—
fall der Chorioidea, starke Blutung	15	0	—	—
glatt	17	$5/20$	—	$5/6$

8*

Achtes Hundert.

Nr.	Name	Alter		Zustand des Auges und des Staares	Tag der Operation	Operation
742	Maria M.	L.	68	Cat. mat.	5. V.	glatt
743	Giacomo B.	L.	67	Cat. mat.	6. V.	"
744	" "	R.		Cat. mat.	13. V.	"
745	Josef U.	L.	62	Cat. mat.	6. V.	"
746	Elisabeth H.	L.	60	Cat. nucl. mat.	7. V.	"
747	Theresia B.	R.	30	Cat. zonul. Colob. praep.	9. V.	"
748	Giuseppe D.	R.	71	Cat. mat.	10. V.	"
749	Johann R.	L.	25	Cat. zonul. aridosiliq.	11. V.	in Narkose glatt, Critschett
750	" "	R.		Iridenkleisis	23. V.	" "
751	Anna H.	R.	67	Cat. sen. mat.	12. V.	glatt
752	Maria G.	R.	68	Cat. mat.	12. V.	"
753	" "	L.			28. V.	"
754	Josef T.	L.	65	Cat. nucl. immat. Colob. praep.	14. V.	Glaskörperprolaps Critschett
755	Franz G.	L.	76	Cat. mat.	16. V.	glatt in Narkose
756	Maria N.	L.	64	Cat. mat.	17. V.	glatt
757	Barbara W.	R.	70	Cat. tum.	17. V.	"
758	Eugen B.	L.	16	Cat. traum. Colob. praep.	18. V.	glatt in Narkose mit Critschett
759	Maria St.	L.	13	Cat. cystica complic.	20. V.	glatt in Narkose mit Critschett
760	Anton P.	R.	81	Cat. nucl. mat.	23. V.	glatt, Cornealschnitt
761	Franz K.	L.	68	Cat. mat.	24. V.	glatt
762	Johann T.	L.	80	Cat. mat.	24. V.	glatt, Linse tritt in der Kapsel au
763	Josef C.	L.	66	Cat. mat. traum.	24. V.	glatt
764	Maria S.	R.	58	Cat. mat.	25. V.	"
765	Benjamin Ch.	R.	52	Cat. sen. tum.	25. V.	glatt trotz sehr kleinen Schnittes
766	Antonio R.	L.	66	Cat. mat.	27. V.	glatt
767	Christian R.	L.	75	Cat. hypermat.	27. V.	"
768	Jakob Z.	L.	56	Cat. accret. mat. Colob. praep.	31. V.	glatt, Kern in der Kapsel mit Kapselpincette extrahirt
769	Maria F.	L.	62	Cat. mat. Maculae	19. V.	glatt
	Tegernsee.					
770	Josef S.	L.	51	Cat. mat.	21. VI.	"
771	Anna H.	L.	73	Cat. sen. mat.	21. VI.	"
772	" "	R.			1. VII.	"
773	Constantin K.	R.	70	Cat. tum.	21. VI.	"
774	Xaver F.	R.	25	Cat. moll.	21. VI.	"
775	Hedwig R.	L.	54	Cat. mat. Maculae	22. VI.	"
776	Josefa B.	L.	64	Cat. mat. Colob. praep.	22. VI.	"
777	Kaspar K.	L.	74	Cat. sen. mat.	22. VI.	"
778	Josef V.	L.	61	Cat. mat. Synechiae post.	22. VI.	"
779	Alois B.	L.	50	Cat. mat.	23. VI.	"

Heilungsverlauf	Dauer der Behandlung	Sehschärfe bei der Entlassung	Nachoperation	Endliche Sehschärfe
glatt	15	5/12	—	—
„	}26	5/9	—	—
„		5/6	—	—
„	17	5/6	—	5/6
leichteste Iritis serosa	31	5/10	—	5/10
glatt	45	5/30	4. V. 93. Discissio	5/20
„	17	5/6	—	—
„	}21	Finger in 3 m	—	Finger i. 4 m
„		Finger in 4 m	—	„
„	21	5/30	—	—
„	}35	—	—	—
Heilung, starke Glaskörpertrübung	29	Finger in 4 m	—	—
glatt	24	5/15	—	—
„	23	—	—	5/15
glatt, Nachstaar	21	—	—	—
glatt	18	5/24	—	5/10
„	17	1/∞	Ablatio retinae total.	—
m 7. Tage glatt, dann Delirien, Pat. den Verband ab, Wundinfection, erisation, Sublimat-Chlorwasserbe- llung, Heilung mit freier Pupille	29	—	1893, Pupille leicht ver- zogen, rein schwarz	5/15
glatt	15	5/20	Glaskörpertrübungen	—
rien, Pat. reisst den Verband ab, ion der inneren Wundecke, Hypo- Behandlung mit Sublimat u. Chlor- :r, Infection schreitet nicht weiter	?			
glatt	17	5/10	—	—
„	17	—	—	—
er Irisschenkel der Narbe angelöthet, leichte Reizung	22	—	—	5/15
glatt	17	—	—	5/6
„	23	—	—	—
„	18	—	—	—
„	17	5/10	—	—
„	22	5/20	Glaskörpertrübungen	5/20
„	}37	5/12	—	5/12
		5/10	—	5/9
en, Corticalreste quellen und reizen etwas	23	—	Corticalreste in Zertheilung	—
glatt	29	Finger in 1 m	Ablatio retinae, Discissio (Cystitom)	Fing. in 1 m
„	22	Finger in 3 m	—	—
	19	5/10	—	5/9
glatt, Corticalflocken	25	5/30	—	—
glatt	22	5/10	—	—
glatt, leichte Wundsprengung	16	5/12	—	5/12

Nr.	Name		Alter	Zustand des Auges und des Staares	Tag der Operation	Operation
780	Peter Ch.	L.	72	Cat. mat.	23. VI.	glatt
781	Josef A.	R.	56	Cat. mat.	23. VI.	„
782	Paulus K.	R.	64	Cat. mat.	23. VI.	„
783	Josef G.	R.	64 }	Cat. sen. mat.	25. VI.	„
784	„ „	L.			9. VII.	„
785	Barbara E.	R.	74	Cat. mat.	25. VI.	„
786	Ursula S.	L.	62	Cat. mat. Myopia excess.	25. VI.	„
787	Maria B.	L.	78	Cat. mat.	27. VI.	„
788	Michael Sch.	L.	62	Cat. mat.	27. VI.	„
789	„ „	R.		Cat. fer. mat.	2. VII.	„
790	Josef R.	R.	66	Cat. sen. mat.	27. VI.	„
791	„ „	L.		Cat. mat. tum.	9. VII.	„
792	Anna H.	L.	57	Cat. hypermat. Dakryocystostenose	28. VI.	glatt, Cataract mit Pincette ex
793	Johann G.	L.	59	Cat. mat.	28. VI.	glatt
794	„ „	R.		Cat. tum.	14. VII.	„
795	Therese H.	L.	61	Cat. mat.	28. VI.	„
796	Anna N.	R.	38	Cat. mat. Ablatio retinae, falsche Projection?	28. VI.	starker Prolaps von flüssigem körper, Critschett
797	Elisabeth G.	R.	64	Cat. mat.	28. VI.	glatt
798	Georg K.	L.	85	Cat. hypermat. Maculae	30. VI.	„
799	Simon W.	L.	78	Cat. nucl. Colob. praep.	30. VI.	„
800	Stanislaus E.	R.	51	Cat. immat. Colob. praep.	30. VI.	„

Achtes Hundert. 119

Heilungsverlauf	Dauer der Behandlung	Sehschärfe bei der Entlassung	Nachoperation	Endliche Sehschärfe
glatt	19	$5/10$	—	$5/6$
che Hornhauttrübung, sonst glatt	19	$5/15$	—	$5/10$
glatt	25	$5/20$	—	—
t, leichte Hornhauttrübung		$5/12$	—	—
nde Iritis in Folge von Kapsel-inheilung in die Wunde	61	$5/18$	—	—
glatt	23	$5/10$	—	—
amter Wundschluss, am 7. Tag ection, trotz Cauterisation Panophthalmie	27	0	—	—
glatt	24	$5/24$	—	$5/6$
"	25	$5/10$	—	—
"		$5/15$	—	—
"	34	$5/10$	—	$5/10$
"		$5/20$	—	$5/10$
"	31	$5/15$	—	$5/15$
beiderseits glatt	36	$5/10$	—	$5/10$
		$5/10$	—	$5/10$
glatt	19	$5/10$	29. VI. 93 Discissio	$5/6$
it fortdauerndes Aussickern von m Glaskörper, Cyclitis chronic.	38	0	—	—
glatt	24	$5/10$	—	$5/6$
"	19	$5/50$	—	$5/15$
"	18	$5/30$	—	$5/10$
rticalreste zertheilen sich zeizlos	34	$5/18$	16. XII. Discissio. Panophthalmie	0

Das vorliegende Hundert kann nicht gerade als ein glückliches bezeichnet werden. Die Zahl der guten Erfolge (91) bleibt unter dem Mittel.

$5/5$ und $5/6$ erreichten 19 Fälle, $5/9$, $5/10$ und $5/12$ 38, $5/15$, $5/18$ und $5/20$ 16, $5/24$ und $5/30$ 3. Ohne Sehprobe wurden 8 Patienten entlassen. Uncomplicirter Nachstaar (V. = $5/50$) lag einmal vor. Bei 5 Augen war der Staar mit anderen Leiden complicirt; es lagen vor Maculae corneae, Opacitates corporis vitrei, Amblyopia congenita (2 mal), Ablatio retinae. Bei allen wurde gute Heilung erzielt und entsprach der Seherfolg der Schwere der Complication. Der Visus schwankte zwischen $5/50$ und Fingern in 1 m. Einmal lag totale Netzhautablösung vor; dieselbe war bereits früher vor der Staarbildung diagnosticirt worden; es war jedoch dem Vater des Kindes nicht begreiflich zu machen, dass die Operation nichts helfen könne.

Mässiger Erfolg wurde erzielt in 2 Fällen. Bei beiden war bei der Operation Glaskörper gekommen. Die schlechte Sehschärfe (Finger in 4 m.) war bei dem einen auf starke Glaskörpertrübungen zurückzuführen, welche sich, falls sie nicht vorher schon bestanden, trotz vollkommen reizloser Heilung ausgebildet hatten. Bei dem andern lag starker Nachstaar vor; durch Quellung der Corticalreste war längere Zeit cyclitische Reizung unterhalten worden. Die Sehschärfe betrug Finger in 1 m.

An diese schliessen sich 2 Fälle an, die mit noch nicht vollkommen geheiltem, noch im Reizzustande befindlichem Auge n Meran zurückgelassen wurden, von denen sich aber nach dem Zustande des Auges am letzten Tage mit Bestimmtheit sagen lässt, dass das Endresultat kein ganz ungünstiges gewesen sein kann. Das erste Mal handelte es sich um leichte chronische Cyclitis; die Patientin, Italienerin, war bei der Operation sehr unruhig gewesen, der Schnitt war zu klein ausgefallen. Nach langem Drücken, wobei nur Corticaltheile zu Tage kamen, wurde der Critschett genommen und damit dann auch die Extraction glücklich bewerkstelligt; aber auch die Toilette erforderte noch viel Zeit und war nur unvollständig möglich. Das Ende war complicirter Nachstaar. Zur Extraction am andern Auge wurde narkotisirt und guter Operations- und Heilverlauf erzielt.

Während hier in erster Linie die Unruhe der Patientin bei der Operation den schlechten Heilverlauf verschuldet hatte, war es im anderen Falle Unruhe des Patienten in der Nachbehandlung, welcher einzig und allein die Schuld an der Störung der Heilung zufällt. Die Operation war ausserordentlich glatt gegangen, die Cataract in der Kapsel ausgetreten. In der Nacht vom 2. auf den 3. Tag — es waren damals in Meran drückend schwüle Tage — war Patient confus geworden, hatte sich den Verband abgenommen, ein über alle Maassen schmutziges Taschentuch auf's Auge gebunden und sich angeschickt, heimzuwandern. Am anderen Tage zeigte sich ein Belag des inneren Wunddrittels; in der Pupille ein spongiöses Exsudat; am Boden der vorderen Kammer Hypopyon. Die Wunde wurde energisch gereinigt, mit Sublimat 1 : 1000 betupft, den Tag über wurde fleissig Sublimat und Chlorwasser eingetropft. Schon am Abend zeigte sich ein Rückgang der Erscheinungen. In den nächsten Tagen wurde mit den Eintropfungen fortgefahren; die Wunde reinigte sich, Exsudat in der Pupille, sowie Hypopyon verschwanden vollkommen.

In Frage gestellt wurde der Erfolg weiter noch in einem 5. Falle: Hier hatte man bei der Operation bedeutende Corticalmassen zurücklassen müssen, da die schwankende Patella eine forcirte Toilette nicht vertrug und Glaskörperprolaps wegen bestehender leichter chronischer Conjunctivitis auf alle Fälle vermieden werden sollte. Am 5. Tage begannen die Reste stark zu quellen, was starke Chemose zur Folge hatte. Fortdauerndes starkes Atropinisiren bewirkte aber sofortigen Rückgang der Reizerscheinungen und schien alle Gefahr beseitigt, als sich am 20. Tage (!) Hypopyon einstellte, welches erst verschwand, nachdem Verwachsung der Pupille mit dem Nachstaar und Schrumpfung desselben zu vollkommenem Pupillarverschluss geführt hatte. Der Verlauf spricht sehr dafür, dass wir es hier weniger mit einer infectiösen, als mit einer durch Schrumpfung der Reste und dadurch bewirkter Zerrung am Ciliarkörper hervorgerufenen Cyclitis zu thun hatten. Eine Nachoperation hätte hier wohl noch Erfolg erzielen können, doch war Patientin mit dem anderen Auge, das zu gleicher Zeit operirt worden war, so zufrieden — sie erhielt $^5/_6$ Sehschärfe an diesem Auge — dass sie sich nichts Besseres wünschte.

Die 4 Verluste, welche in diesem Hundert zu beklagen waren, fallen nur theilweise der Operation, sowie der Heilung zur Last.

Ein Auge ging durch Vorfall der Chorioidea zu Grunde. Es handelte sich um eine ganz alte schlotternde Cataract, complicirt mit Leukom der Cornea. Schon beim Schnitt begann flüssiger Glaskörper auszutreten; der Kern musste mit Critschett unter beständigem Ausfluss von Glaskörper extrahirt werden. Nachmittags zeigte sich der Verband vollkommen durchblutet. Die Untersuchung des Auges ergab, dass die Chorioidea in der Wunde vorgefallen war. Es ist wohl kaum zu sagen, in welcher Weise, wenn man operiren wollte, das Unglück hätte vermieden werden können.

Auch der 2. Verlust betraf eine complicirte Cataract bei einer 38 jährigen Dienstmagd. Die Projection war schlecht und es lag, besonders da am anderen Auge hochgradige Myopie mit Glaskörpertrübungen vorlag, der Verdacht auf Netzhautablösung sehr nahe. Die Operation verlief sehr stürmisch, da Patientin sehr unruhig war und sich durch Zwicken nach Vollendung der Iridectomie die Cataract nach unten luxirte. Die mit Critschett aufgeladene Linse glitt das erste Mal ab, wäre aber beim 2. Eingehen glatt extrahirt worden, wenn die Patientin nicht von Neuem gezwickt hätte und dadurch die Patella, als der Staar schon halb entbunden war, gesprungen wäre.

Es trat starker Verlust von flüssigem Glaskörper ein; der Hornhautlappen klappte sich erst nach aussen, dann nach innen (!) um. Als nach 3 Tagen das Auge zum ersten Mal verbunden wurde, war die Wunde nicht geschlossen und sickerte sofort wieder Glaskörper aus; dieses Aussickern von Glaskörper dauerte auch in den nächsten Tagen fort. Die Pupille verzog sich nach oben, die Narbe zog sich ein und unter cyclitischen Erscheinungen bildete sich allmählich Phthisis bulbi aus. Es kann nicht geleugnet werden, dass in diesem Falle eine zur rechten Zeit eingeleitete Narkose einen besseren Ausfall der Operation hätte bewirken können.

Der 3. Fall ging durch Eiterung zu Grunde. Auch hier lagen Complicationen vor. Die Patientin war schon vor Jahren am anderen Auge mit gutem Heilerfolg extrahirt worden. Das Sehvermögen aber war wegen ausgedehnter Atrophie der Chorioidea fast = 0 gewesen. Auch von diesem Auge war von damals bekannt, dass Complicationen von Seite der Aderhaut vorlägen. Patientin war schon mehreremal unter Hinweis auf den schlechten Seherfolg am rechten Auge, sowie auf ihren sonstigen gebrechlichen Körperzustand, vertröstet worden, wünschte nun aber unter allen Umständen die Operation. Wegen starker Spannung des Bulbus wurde ein Cornealschnitt angelegt; die Operation verlief tadellos. In den ersten Tagen ging die Heilung glatt von Statten, doch blieb die Wunde offen. Ein längeres Liegenlassen des Verbandes, um dem Auge Ruhe zu gönnen, war unmöglich, da Patientin beständig Klagen hatte, welche oft zu 2 maligem Verbandwechsel zwangen. Am 7. Tage trat Infiltration der Wunde auf und trotz sofortiger Cauterisation und unausgesetzten Eintropfungen von Sublimat und Chlorwasser kam es zur Panophthalmie.

Das 4. Auge ist durch Discission des Nachstaars zu Grunde gegangen. Stanislaus E. war an beiden Augen mit gutem Erfolg extrahirt worden, am rechten Auge im Juni 92; leichter, schleierartiger Nachstaar war zurückgeblieben; die Sehschärfe betrug $^5/_{18}$. Am 16. Dezember wurde die Discission mit Knapp's Messer vorgenommen und eine schöne schwarze Lücke erzielt. Am 3. Tage zeigte sich Infiltration der Wunde, sowie Exsudatbildung in der vorderen Kammer. Es wurde die Wunde sofort cauterisirt und mit dem Galvanocauter bis in die vordere Kammer eingegangen, doch ohne Erfolg. Der Glaskörper war bereits inficirt und das Auge ging verloren. Der einzige Trost bei diesem höchst betrüblichen Ereignisse, freilich in Bezug auf den Fall als solchen, ein schwacher, war, dass das andere Auge mit schönem Erfolge extrahirt war.

Es sei vergönnt, auch zwei erfreulichere Fälle hier mitzutheilen:

Am 23. Mai wurde in Meran ein äusserst beleibter 81 jähriger Bauer aus Gries bei Bozen extrahirt. Die Operation verlief glatt; die Cornealwunde schloss sich am 6. Tage, doch bestand an der Stelle der Wunde eine tiefe Rinne. Unterdessen trat eine ganz unerträgliche Hitze auf, welche dem dicken Manne das Liegen ausserordentlich erschwerte und ihn ganz auseinander brachte. In der Nacht vom 29. auf 30. bekam er starke Delirien, riss sich den Verband herunter und rieb am Auge. Am nächsten Morgen, am 10. Tag nach der Operation, zeigte sich starke Infiltration des Hornhautlappens, Exsudat in der Pupille, Hypopyon. Es wurde sofort mit Galvanocauter die infiltrirte Partie bis auf die Descemeti cauterisirt. Alle Stunden wurde der Verband gewechselt, die cauterisirte Zone mit Sublimat 1 : 1000 betupft, das Auge mit Chlorwasser energisch ausgespült und mit Sublimat frisch verbunden. Diese Behandlung wurde 2 Tage und Nächte fortgesetzt. Anfangs zeigte sich noch eine Vermehrung des Exsudats. Sehr bald aber schob sich dasselbe in dem Pupillarbereich zusammen; die Iris wurde sichtbar, der Cauterisationsschorf in der Gegend der Wunde löste sich ab und an einer circumscripten Stelle trat Perforation der in einer Breite von 4 mm freiliegenden Descemeti ein und aus dieser Oeffnung entleerte sich das ganze Exsudat, sodass die vordere Kammer, welche sich nach der Entleerung des Exsudats sofort schloss, am 3. Tag nach dem Beginne der Infection vollkommen rein war. Am 4. Tage zeigte sich allerdings von Neuem Hypopyon. Als Ursache wurde ein Fortschreiten der Infection in der inneren Wundecke erkannt. Es wurde die Stelle sofort neuerdings sehr ergiebig cauterisirt und die ausgesetzte Chlorwasserbehandlung wiederum begonnen. Am andern Morgen konnte auch diese Attaque als abgeschlagen betrachtet werden. Seitdem ging die Heilung ohne Anstand vor sich. Im Jahre 1893 holte sich der Alte die Staarbrille; dem Auge war die Schwere der überstandenen Gefahr kaum anzusehen. Der obere Rand der Cornea erschien ähnlich einem Gerontoxon sklerosirt. Die Pupille war leicht verzogen, aber rein, Pupillarrand frei. Die Sehschärfe betrug $5/15$; Jäger 7 wurde fliessend gelesen.

Des Weiteren möchten wir eines extrahirten Falles Erwähnung thun, bei welchem die Extraction allerdings keinerlei Besonderheiten bot, dessen Vorgeschichte aber so interessant ist, dass ihm wohl einige Worte gegönnt werden dürften. Eugenio B., der 14jährige Sohn eines Steinmetz aus Trient kam im Mai 1890 zum ersten Mal in Behandlung. Er hatte vor $2^{1}/_{2}$ Jahren durch einen Steinsplitter eine Verletzung des linken Auges erlitten, nachdem er vor 5 Jahren durch Contusion bei Gelegenheit einer Dynamitexplosion die Sehkraft des rechten Auges verloren hatte. Rechts bestand eine häutige complicirte Cataract; links bei leichter ciliarer Injection, aber starker Lichtscheu und Thränenfluss eine Verziehung der Pupille nach innen unten und Einheilung der Iris in einer den Corneo-Skleral-Limbus durchsetzenden, im Ciliarkörper endigenden zackigen Narbe. Von einem Fremdkörper war nichts zu sehen. Das Sehvermögen war stark reducirt. Es wurde nun zuerst die Extraction der Cataract. membranatea rechts vorgenommen und eine schöne schwarze Pupille erzielt Während dieses Auge glatt heilte, stellte sich links ohne nachweisbare Ursache eine heftige Iridocyclitis ein. In der Gegend der Narbe bildete sich im Kammerfalz ein eitriges Exsudat, das mehr und mehr zunehmend bald $1/3$ der Kammer füllte. Trotz feuchter Wärme, Natron salicylicum und Schmierkur war ein Rückgang der Erscheinungen nicht zu constatiren. Inzwischen war die Thätigkeit in Meran beendet; der Knabe wurde daher mit nach Tegernsee genommen. Hier wurde alsdann, in der Hoffnung auf einen Fremdkörper zu stossen neben der Narbe im Limbus eine Paracenthese der Hornhaut vorgenommen und das Hypopyon abgelassen; ein Fremdkörper kam nicht zu Tage, es wurde daher zu gleicher Zeit, ausgehend von der Ansicht, dass in der Narbe eingeschlossene Infectionskeime vielleicht den Stoff für die plötzlich aufgetretene Entzündung lieferten, die Narbe gründlich cauterisirt. Nach kurzer Besserung traten die cyclitischen Erscheinungen mit erneuter Heftigkeit auf und es musste ernstlich daran gedacht werden, ob nicht zum Schutze des anderen Auges die Enucleation indicirt sei, zumal jenes stets etwas ciliare Injection zeigte; doch wurde dieses Radicalmittel immer wieder verschoben, da der Patient noch etwas sah. Einen Monat nach dem genannten Eingriff bildete sich in der Mitte der stark vascularisirten Cauterisationsstelle eine gelbe bläschenförmige Verbuchtung, welche aufbrach, Eiter entleerte und sich dann wieder schloss. Einige Tage danach zeigte sich, umgeben von Eitergerinnseln an derselben Stelle ein schwarzer Punkt, der sich mehr und mehr vorschob und nach wieder einigen Tagen so weit frei lag, dass er mit der Pincette entfernt werden konnte; er stellte sich dar als ein hirsekorngrosser bröckliger Steinsplitter. Die Fistelöffnung schloss sich darauf und vernarbte. In kurzer Zeit war das Auge vollkommen reizlos. 1891 wurde, da die Linse durch Trübung der vorderen Kapsel für das Sehen hinderlich war, die präparatorische Iridectomie gemacht. 1892 die mittlerweile gereifte Cataract extrahirt und eine Sehschärfe von $5/10$ erzielt.

Ausser den bereits oben angeführten Störungen der Heilung

finden wir noch vorübergehende Reizung durch Einheilung der Kapsel (3 mal), durch Corticalreste (1 mal); Iritis serosa levis 2 mal. Alle konnten mit gutem Visus entlassen werden. Reizlose Heilung finden wir 86 mal. 81 mal ohne jeglichen Zufall; 2 mal war Hornhauttrübung, 2 mal Wundsprengung, 1 mal recidivirende Irisblutung dabei. Delirien traten 4 mal auf. Der Schädigung des Auges, welche sich 2 der Deliranten zuzogen — Wundinfection, glücklicherweise mit Ausgang in Heilung haben wir bereits Erwähnung gethan. Der 3. zog sich schwere Wundsprengung mit Hämophthalmus zu, ohne jedoch dadurch einen dauernden Schaden hervorzurufen. Beim 4., der absolut keinen Verband (weder Collodium- noch Stärke-Verband) am Auge duldete und beständig daran rieb, war das Auge zwar lange Zeit gereizt, wie das nicht anders zu erwarten war, das Endresultat aber doch ein gutes.

Verschiedener Complicationen der Operation mit Corpusprolaps, welche die Extraction mit Critschett erforderten und Störungen der Heilung zur Folge hatten, wurde schon Erwähnung gethan. Ausser diesen 4 Malen, trat noch einmal Glaskörpervorfall nach Entbindung der Cataract auf: Es blieben daher Corticalreste zurück, welche zu leichter Reizung Anlass geben, doch erhielt das Auge $5/10$ Sehschärfe.

Der Critschett trat ausser in den 4 genannten Fällen noch 5 mal in Thätigkeit (4 mal bei complicirtem Staar, 1 mal bei seniler Cataract). Die Augen heilten tadellos.

Der Gebrauch der Kapselpincette hatte einmal zur Folge, dass ein Stück Iris mitgefasst wurde und excidirt werden musste. Das Colobom wurde dadurch etwas verbreitert; sonst hatte dieser Zufall keine üble Folgen. 2 mal gelang es, die Cataract mit der Pincette zu extrahiren.

Die Methode war stets die combinirte.

In dieser Serie wurde der älteste Patient, der überhaupt hier zur Staaroperation kam, ein 90jähriger Kapuziner aus Roveredo, mit gutem Erfolge operirt.

Neuntes Hundert.

Vom 1. Juli 1892 bis 10. Dezember 1892.

Nr.	Name	Alter		Zustand des Auges und des Staares	Tag der Operation	Operation
801	Franziska O.	R.	73	Cat. sen. mat.	1. VII.	glatt
802	Josef A.	L.	62	Cat. sen. mat.	1. VII.	"
803	Johann B.	R.	69	Cat. mat.	2. VII.	"
804	Ferdinand J.	R.	74	Cat. mat.	2. VII.	"
805	Franz St.	L.	64	Cat. sen. mat.	7. VII.	"
806	Kunigunde A.	L.	68	Cat. sen. mat.	7. VII.	"
807	Anton W.	L.	62	Cat. sen. mat.	7. VII.	"
808	Anna M.	R.	75	Cat. sen. mat.	9. VII.	"
809	" "	L.		Cat. sen. mat.	9. VII.	"
810	Maria N.	R.	60	Cat. mat.	12. VII.	"
811	Mathias R.	R.	65	Cat. mat.	12. VII.	"
812	Marcellinus B.	R.	72	Cat. sen. mat.	14. VII.	"
813	" "	L.			21. VII.	"
814	Johann K.	R.	63	Cat. hypermat.	14. VII.	glatt, Cataract mit Kapselpinc extrahirt
815	Ruppert B.	R.	33	Cat. traum. Seclusio pupill. Colob. praep.	14. VII.	glatt in Narkose
816	Therese Sch.	L.	75	Cat. mat.	16. VII.	glatt
817	Josef H.	L.	58	Cat. mat.	16. VII.	"
818	Katharina Sch.	L.	55	Cat. mat. Macul. corn.	18. VII.	"
819	Franziska G.	R.	50	Cat. mat.	16. VII.	"
820	" "	L.			29. VII.	"
821	Anna R.	L.	53	Cat. hypermat. Synechiae post.	18. VII.	glatt, Cat. mit der Kapselpinc in der Kapsel extrahirt
822	August Pf.	L.	73	Cat. mat.	19. VII.	glatt
823	Theodor R.	R.	64	Cat. nucl. Colob. praep.	21. VII.	
824	Veronika H.	L.	70	Cat. mat. Colob. praep.	22. VII.	glatt, 20 Tage vorher Iridecto praep.
825	Therese H.	L.	74	Cat. mat. tum.	22. VII.	glatt
826	" "	R.		Cat. mat.	5. VIII.	Corpusprolaps
827	Martin H.	R.	11 Mon	Cat. congenit. cystica	25. VII.	glatt
828	" "	L.			5. VIII.	"
829	Thomas G.	R.	45	Cat. mat.	27. VII.	"
830	" "	L.		Cat. sen. tum.	5. VIII.	"
831	Barbara K.	R.	62	Cat. accret. mat. Glaucom. sec. fer. absolut.	27. VII.	glatt nach Wenzel
832	Maria H.	R.	50	Cat. mat.	1. VIII.	glatt
833	Michael B.	R.	64	Cat. fer. mat.	29. VII.	"
834	Crescenz H.	L.	57	Cat. brunesc. mat. Seclusio pupill. fer. totalis.	1. VIII.	"
835	Theres. G.	R.	39	Cat. praesenil. mat. complic.?	3. VIII.	schom beim Schnitt flüssiger Gl körper, Critschett, Kern extrah Corticalreste bleiben zurück

Heilungsverlauf	Dauer der Behandlung	Sehschärfe bei der Entlassung	Nachoperation	Endliche Sehschärfe
igs Auge in idealem Zustande, am Beginn einer schweren Iridocyclitis ca, Heilung mit einzelnen Synechieen	48	Finger in 3 m	13. X. Disc. mit Cystitom.	$5/20$
leichte iritische Reizung	25	$5/12$	—	—
glatt trotz Wundsprengung	19	$5/6$	—	$5/6$
glatt	35	$5/20$	—	$5/10$
„	16	$5/15$	—	$5/6$
tt, Iriseinheilung, vorübergehende glaucomatöse Drucksteigerung	20	$5/15$	—	—
glatt	21	$5/15$	—	$5/9$
„	} 24	$5/15$	—	$5/6$
s, doch längere Zeit Kammer minimal eng, Bulbus hart		$5/30$	23. IX. Discissio, Cystitom	$5/9$
glatt	21	$5/6$	4. X. Discissio	$5/5$
„	24	$5/15$	4. X. Discissio	$5/15$
„	} 22	$5/10$	—	$5/6$
„		$5/9$	—	$5/5$
„	19	$5/10$	—	—
tte Wundheilung. Verlegung der Pupille durch Corticalreste	40	Finger vor dem Auge	Iridotomie 1. X. Spalt verlegt sich mit Blut, Iridotomie 19. II. 93	$5/50$
glatt	17	$5/9$	—	—
„	16	$5/15$	—	$5/9$
„	18	Finger in 2 m	3. I. 93 Discissio	Fing. in 5 m
„	} 34	$5/15$	} 10. X. Discissio	$5/10$
„		$5/10$		$5/10$
„	17	$5/10$	—	—
„	15	$5/10$	—	—
„	16	$5/15$	—	$5/10$
„	37	$5/20$	—	—
trotz verdächtiger ausgedehnter Verfärbung der Punctionsstelle	} 33	$5/20$	—	—
e Zerrungsreizung, Glaskörpertrübungen		$5/50$		
glatt, reine schwarze Pupille glatt, Nachstaar	} 34	—	7. I. 93 Extract. cat. sec.	—
glatt	} 33	$5/6$	—	$5/6$
„		$5/20$	—	$5/10$
Wundheilung, Corticalreste, 29.VIII. Iridotomie	71	$1/\infty$	—	—
Tage Wundinfection, Cauterisation, Panophthalmie	31	0	—	—
glatt	17	$5/15$	—	—
„	22	$5/20$	—	—
Wundheilung, Iridocyclitis chron. recidivirende Irisblutung	29	Finger vor dem Auge	Seclusio pupillae, Glaucom. sec. Iridectomie 14. II. 93	$1/x$

132 Neuntes Hundert.

Nr.	Name	Alter		Zustand des Auges und des Staares	Tag der Operation	Operation
836	Elisabeth K.	R.	39	Cat.immat.accreta Colob. praep.	3.VIII.	glatt, Linse folgt dem Zug der Pincette in die Kapsel, am Schluss leichter Corpusprolaps
837	Georg M.	R.	44	Cat. fer. mat.	8.VIII.	glatt
838	Michael Sch.	L.	73	Cat. mat.	8.VIII.	„
839	Emma R.	L.	34	Cat. zonul. accret.	8.VIII.	„
840	„ „	R.		Colob.praep. Macul.corn.	24.VIII.	glatt, mit Kapselpincette in de Kapsel extrahirt
841	August H.	L.	70	Cat. mat.	10.VIII.	glatt
842	Josef A.	R.	62	Cat. immat. Colob. praep.	10.VIII.	„
843	Genoveva I.	R.	70	Cat. mat. Colob. praep.	10.VIII.	„
844	Emilie H.	R.	67	Cat.fer.mat. Colob.praep.	11.VIII.	„
845	Xaver A.	R.	38	Cat. mat. Colob. praep.	15.VIII.	„
846	„ „	L.		Cat. aridosiliquat. amaurotica	15.VIII.	Extraction mit Critschett ohne Iridectomie
847	Alois D.	R.	64	Cat. immat. Colob. praep.	18.VIII.	glatt
848	Andreas P.	L.			22.VIII.	„
849	„ „	R.	62	Cat. mat.	28.VIII.	„
850	Maria B.	R.	50	Cat. mat.	22.VIII.	-
851	„ „	L.			28.VIII.	„
852	Philipp H.	L.	51	Cat. mat.	7. IX.	„
853	Tobias W.	L.	53	Cat. accret. mat. Colob. praep.	7. IX.	Cataract. mit Critschett in der Kapsel extrahirt.
854	Wolfgang P.	L.	70	Cat. fer. mat.	8. IX.	glatt
855	Johann N.	R.	65	Cat. sen. mat.	10. IX.	„
856	Walpurga Sch.	R.	72	Cat. nucl. fer. mat.	10. IX.	„
857	Maria R.	L.	70	Cat. sen. mat.	15. IX.	„
858	„ „	R.			26. IX.	-
859	Johann W.	L.	48	Cat. mat.	19. IX.	„
860	Crescenz Noi	R.	65	Cat. mat. tum. Ectropium cat.	19. IX.	„
861	Juliane W.	L.	58	Cat. mat.	21. IX.	„
862	Maria N.	R.	62	Cat. tum.	21. IX.	glatt, Iris mit Messer ausgeschni ten, zugleich Kapsel eröffnet
863	Lorenz O.	L.	73	Cat. mat.	26. IX.	glatt
864	Johann P.	L.	68	Cat. mat.	1. X.	„
865	Max R.	R.	72	Cat. sen. mat.	1. X.	glatt, Critschett
866	Josef B.	R.	63	Cat. mat. tum.	1. X.	glatt
867	Adolf B.	L.	52	Cat. mat. Colob. praep.	4. X.	„
868	Leopold B.	L.	77	Cat. mat.	4. X.	„
869	Agathe H.	R.	63	Cat. tum.	4. X.	„
870	Lorenz E.	R.	59	Cat. nucl. immat. Colob. praep.	7. X.	„
871	Magdalene S.	L.	70	Cat. mat. Maculae corn. Dakryocystitis	7. X.	6. IX. Exstirp. sacci lacrim. Extract. glatt
872	Maria H.	L.	55	Cat. mat.	7. X.	glatt
873	Franz v. B.	L.	80	Cat. hypermat. Colob. praep. Glaucom. chron.	10. X.	„
874	Margaretha K.	L.	48	Cat. mat. Colob. praep.	13. X.	„

Heilungsverlauf	Dauer der Behandlung	Sehschärfe bei der Entlassung	Nachoperation	Endliche Sehschärfe
glatt		23 Finger in 3 m	Glaskörpermembranen	—
trotz starker Conjunctivalsecretion		20	5/6	—	5/6
glatt		19 Finger in 5 m	Corticalbrocken in der Pup.	—
"		Finger in 2 m	Iridotomie 11. II. 93	Fing. in 4 m
"		45 Finger in 1 m	Glaskörpertrübungen	Fing. in 5 m
"		21	5/30	—	5/10
"		17	5/10	—	5/10
"		28	5/10	—	5/10
"		21	5/6	—	5/6
"		43	—	Ablatio retinae	—
"			—	" "	—
glatt, Corticalreste		22 Finger in 3 m	—	5/6
os, obgleich sich die Patella nachträglich in die Wunde gelegt hat		30	5/15	—	5/10
glatt			5/9	—	5/6
"		26	5/9	—	5/5
"			5/5	—	5/5
"		17	5/9		5/9
...tt (doch Verziehung der Pupille)		26 Fing. in 1/2 m	10. III. 93 Iridotomie	Fing. in 1 1/2 m
glatt		16	5/15	—	
"		18	5/6	—	5/6
...te iritische Reizung nach 2 maliger Wundsprengung		30	5/30	7. III. 93. Discissio	5/12
glatt		28	5/10	—	5/6
"			5/10	—	5/10
"		17	5/20	21. XII. 92. Discissio	5/10
"		23	5/10	—	—
"		15	5/10	—	5/5
"		19	5/50	Discissio mit Cystitom 10. XI.	5/15
"		29	5/15		
"		18	5/20	—	5/6
"		19	5/10	—	—
"		24	5/10		5/6
starke Schwellung der Conjunctiva		18	5/30	—	5/6
glatt		17	5/6	—	
"		18	5/10	—	
glatt, starke Corticalreste		23	—	—	5/20
glatt		18	5/20	—	—
"		17	5/20	—	—
...ere Wundsprengung, glatte Heilung		20 Finger in 1 m	—	—
glatt, Nachstaar		15	5/50		5/10

Nr.	Name	Alter		Zustand des Auges und des Staares	Tag der Operation	Operation
875	Josef A.	L.	62	Cat. immat. Colob. praep.	13. X.	glatt
876	Simon M.	L.	33	Cat. mat. praesen.	13. X.	„
877	Moritz R.	R.	68	Cat. mat.	13. X.	„
878	Michael W.	L.	69	Cat. mat.	16. X.	„
879	Maria E.	R.	58	Cat. mat. tum. Leukom. adhaer.	19. X.	„
880	Josef G.	L.	53	Cat. mat.	26. X.	-
881	Johann E.	R.	44	Cat. mat. Colob. praep. Buphthalmus	26. X.	„
882	Marianne B.	R.	1¼	Cat. congenit. cystica	28. X.	„
883	Johann O.	L.	59	Cat. mat.	1. XI.	„
884	Maria M.	L.	65	Cat. mat. Colob. praep. Maculae corn.	1. XI.	glatt, Critschett
885	Jakob H.	R.	50	Cat. fer. mat. tum.	1. XI.	glatt
886	Maria B.	L.	53	Cat. hypermat.	5. XI.	glatt, Critschett
887	„ „	R.		Cat. mat.		glatt
888	Michael M.	L.	68	Cat. mat. tum.	5. XI.	glatt } starker Hornhautcollaps
889	„ „	R.			10. XI.	„
890	Crescenz K.	L.	58	Cat. tum. mat.	10. XI.	glatt
891	Katharina Sch.	R.	54	Cat. fer. mat.	10. XI.	„
892	Remigius H.	R.	75	Cat. sen. mat.	10. XI.	„
893	Josef St.	R.	56	Cat. mat. tum.	12. XI.	„
894	Theresia B.	R.	77	Cat. tum.	12. XI.	-
895	Brigitta Sch.	L.	65	Cat. mat. Maculae	6. VII.	„
896	Sigmund A.	R.	65	Cat. tum. mat.	9. XII.	„
897	Theresia G.	L.	75	Cat. sen. mat.	9. XII.	„
898	Theresia H.	R.	65	Cat. mat.	9. XII.	„
899	Theresia P.	L.	61	Cat. tum.	10. XII.	„
900	Josef Sch.	R.	66	Cat. mat.	10. XII.	„

Heilungsverlauf	Dauer der Behandlung	Sehschärfe bei der Entlassung	Nachoperation	Endliche Sehschärfe
glatt, leichte Wundsprengung	16	5/20	—	5/10
glatt, trotz starker Sekretion	16	5/15	—	5/6
glatt	17	5/10	—	5/5
„	19	5/10	—	—
„	16	Finger in 1 m	12. I. 93. Iridotomie	Fing. in 1 m
„	15	5/9	—	5/9
„	27	—	—	5/10
glatt, reine schwarze Pupille	18	—	—	—
glatt, verzögerter Wundschluss	20	5/10	Discissio 31. X. 93.	5/15
glatt, Nachstaar	21	—	9. I. 93. Discissio. (Cystitom)	Fing. in 3 m
glatt trotz Wundsprengung	19	5/10	—	5/5
glatt, leichte Hornhauttrübung	{17	5/15	} 7. II. 93. Discissio	5/6
glatt		5/15		5/6
onisch cyclitische Reizung durch Einheilnng von Kapselresten	}24	Finger in 5 m	—	—
glatt		5/20	—	—
	13	5/15	Discissio 31. I. 93	5/9
ing durch Einklemmung eines Corticaltheiles in der Wunde	17	5/15	—	5/5
glatt	20	5/15	—	—
„	12	5/15	13. I. 93. Discissio	5/9
glatt, Nachstaar	15	Finger in 5 m	—	—
glatt	21.	5/20	—	5/10
eifentrübung der Hornhaut, glatt, Corticalreste	19	5/15	—	5/6
glatt	18	5/10	—	5/10
„	18	5/10	—	5/10
„	19	—	—	5/6
„	18	—	—	5/5

In dieser Serie hat sich das Verhältniss wieder günstiger gestellt. Wir zählen 96 gute Erfolge; es erreichten $5/5$ und $5/6$ 28, $5/9$, $5/10$ und $5/12$ 34, $5/15$, $5/18$ und $5/20$ 17 Operirte. Bei 3 Augen war eine Sehprobe unmöglich, da es sich um Kinder unter einem Jahr handelte, bei welchen wegen Cataract. congenita die Extraction gemacht und auch tadellos gelungen war.

Augen, welche mit einer Sehschärfe von Finger in 5 m. entlassen wurden, zeigten uncomplicirten, in Resorption begriffenen Nachstaar und hätten durch Discission sicher gute Sehschärfe bekommen, wenn dies nicht, wie zu vermuthen, schon nach Resorption der Corticalreste der Fall gewesen ist. 9 mal lagen Complicationen vor, sodass die erreichte Sehschärfe unter $5/30$ blieb; sie schwankte zwischen $5/50$ und Fingern in 1 m. Die Complicationen bestanden in Maculae corn. (2 mal), Leukoma adhaerens (1 mal), Opacitates corporis vitrei (4 mal), Glaucom. chronicum (1 mal), Glaucom. secund. (1 mal). 2 gut geheilte Fälle zeigten totale Netzhautablösung, einer abgelaufenes Secundärglaukom und war die Extraction daher umsonst.

Mässiger Erfolg wurde in 2 Fällen erzielt:

Im dem einen, der mit $5/50$ Sehschärfe entlassen wurde, war bei der Operation Glaskörper gekommen. Die Heilung war durch Einheilung von Kapselresten in die Wunde complicirt und das Auge lange Zeit gereizt. Bei der Entlassung fanden sich als Ursache des schlechten Visus Glaskörpertrübungen.

Im anderen Falle, der mit Finger in 5 m entlassen wurde, lag Nachstaar vor; in Folge starken Hornhautcollapses war die Toilette bei der Operation nur ungenügend möglich gewesen. Die Sphincterecken, sowie ein Theil des Pupillarrandes waren mit der Kapsel und den Corticalresten verlöthet; die schrumpfenden Reste bedingten Zerrung an der Iris, welche sich durch längerdauernde Injection des Auges und leichte recidivirende Hämorrhagien kund gab. Eine Nachoperation hätte hier auf jeden Fall Besserung verschafft. Beide Patienten waren am anderen Auge mit gutem Erfolg operirt und haben sich daher nicht mehr sehen lassen.

Misserfolg trat 2 mal ein:

Der Eine kann jedoch nur in 2. Linie der Operation zur Last fallen; er war zum grossen Theil wohl im Auge selbst, zum andern Theil in der Unvernunft der Patientin begründet. Es lag eine vollkommen gleichmässige Trübung der Linse ohne jegliche äusserlich sichtbare Complicationen vor; das andere Auge war amaurotisch und zeigte eine geschrumpfte, verwachsene Cataract, wohl als Folge einer Ablösung der Netzhaut. Schon beim Schnitt begann flüssiges Corpus auszusickern; es musste daher die Extraction mit Critschett vorgenommen werden. Nachdem der Kern glücklich entfernt war, wurde bei dem Fortdauern des Glaskörperausflusses von Entfernung der Corticalreste abgesehen. Die Heilung war durch leichte schleichende Cyclitis, hervorgerufen zum Theil wohl durch das Trauma bei der Operation, zum andern Theil aber durch die complicirte Wundheilung und Quellung der Corticalreste, gestört. Es traten immer von Neuem Irisblutungen auf, welche zu Niederschlägen in Pupille und Colobom führten. Nur langsam beruhigte sich das Auge, doch konnte die Patientin zuletzt mit reizlosem Bulbus entlassen werden; sie zählte Finger vor dem Auge und es war somit die Hoffnung nicht unbegründet, durch eine geeignete Nachoperation eine weitere Besserung zu erzielen. Die Patientin war jedoch durch Erkrankung eines Kindes abgehalten, den zur Nachoperation bestimmten Termin einzuhalten und als sie nach einem halben Jahre kam, bestand abgelaufenes Secundärglaukom. Die ihrem dringenden Wunsche entsprechend vorgenommene Iridectomie erzielte eine schöne künstliche Pupille, aber keinen Seherfolg.

Ein 2. Fall ist durch Spätwundinfection mit nachfolgender Panophthalmie verloren gegangen. Die Infection trat am 4. Tage auf, nachdem die ersten 2 Tage ohne Störung verlaufen waren. Trotz Cauterisation und energischer Weiterbehandlung nahm die Eiterung ihren Fortgang. Die Ursache dieser Spätinfection ist vollkommen dunkel. Die Patientin litt an Carcinoma uteri mit starker Sekretion und hatte die üble Gewohnheit, Einem stets bei der Visite die Hand zu geben; es ist möglich, dass dadurch eine Uebertragung stattgefunden hat.

Ausser diesen zu einer stärkeren Störung des Sehens führenden Complicationen müssen wir noch einiger Zufälle im Verlauf der Heilung Erwähnung thun, welche aber zu gutem Ende führten:

Vor allem muss hier einer acuten Iridocyclitis mit starker Exsudatbildung gedacht werden, welche merkwürdig günstig verlief und fast ohne Zurücklassung von Synechieen heilte; durch spätere Nachoperation — Discission mit Cystitom — erreichte die Frau $5/20$ Sehschärfe.

Zweimal finden wir cyclitische Reizung durch Kapseleinheilung, einmal leichte iritische Reizung. Alle 3 ohne jegliche schlimme Folgen. Zweimal zeigte sich vorübergehende glaukomatöse Drucksteigerung, documentirt durch Flacherwerden der bereits tiefen und fest geschlossenen vorderen Kammer, verbunden mit starker Spannungsvermehrung. Dieser Zustand war einmal durch Kapseleinheilung, einmal durch Iriseinheilung bedingt und ging unter Eserin-Cocainbehandlung ohne zu schaden vorüber.

Wundsprengungen kamen 4 mal vor und zwar 3 mal mit starker Vorderkammerblutung, hatten aber keine schädlichen Folgen. Verlangsamter Wundschluss zeigte sich einmal; Aetzung der Conjunctiva 1 mal, Aetzung und Trübung der Cornea 3 mal.

Es muss bemerkt werden, dass von den 100 operirten Augen 79 genau nach der von Pflüger gegebenen Vorschrift mit Jodtrichlorid behandelt wurden. Das an Panophthalmie zu Grunde gegangene Auge, sowie sämmtliche Augen, an welchen eine Aetzwirkung des Desinficiens zu beobachten war, gehören unter diese Fälle. Ueberhaupt kann, wie auch die folgende Serie, sowie viele seitdem noch damit behandelte Fälle beweisen, nach unseren Erfahrungen dem Jodtrichlorid ein Vorrang vor dem Sublimat nicht eingeräumt werden: Es wurde in einer Lösung von 0,75 : 1000 verwendet.

Zweier Complicationen der Operation mit Glaskörperprolaps haben wir bereits Erwähnung gethan. Ausserdem trat noch einmal nach Extraction einer complicirten verwachsenen Cataract in der Kapsel mit Kapselpincette leichter Ausfluss von verflüssigtem Corpus ein, hatte aber keine Störung der Wundheilung zur Folge.

Der Critschett kam noch 4 mal zur Verwendung; in keinem Falle war sein Gebrauch von übler Nachwirkung auf die Heilung; ebensowenig wurde durch Anwendung der Kapselpincette irgend eine Schädigung bewirkt; dagegen muss erwähnt werden, dass es 4 mal gelang, eben mit der Pincette die Cataract in der Kapsel zu extrahiren.

Wohl als die ängstlichste Operation der ganzen Serie muss die Extraction einer reifen Cataract bei hochgradigstem Buphthalmus bezeichnet werden. Der Fall betraf einen 44 jährigen Schmied, dessen anderes Auge durch eine Verletzung verloren gegangen war. Vorsichtshalber war die Iridectomie vorausgeschickt worden. Die Staaroperation verlief trotz der starken Spannung des Bulbus glatt, war aber dadurch sehr erschwert, dass die papierdünne Hornhaut nach Abfluss des Kammerwassers sich in starke Falten legte. Gegen alles Erwarten, trotz der starken Spannung der Lider, trat primärer Wundschluss ein und verlief die Heilung ohne alle Complicationen. Der Patient erhielt $5/10$ Sehschärfe.

Die Operation wurde 98 mal typisch mit Iridectomie, einmal nach Wenzel und einmal ohne Iridectomie ausgeführt. Der letztere Fall zeigte, was die Heilung anbetrifft, brillanten Erfolg, doch lag, wie schon vorher bekannt, totale Netzhautablösung vor und wurde das Auge nur operirt, da die etwas schlotternde Cataract dem Patienten öfters unbehagliche Sensationen verursachte.

Zehntes Hundert.

Vom 10. Dezember 1892 bis 8. April 1893.

Zehntes Hundert.

Nr.	Name	Auge	Alter	Zustand des Auges und des Staares	Tag der Operation	Operation
901	Anna Z.	L.	80	Cat. hypermat.	10. XII.	glatt
902	„ „	R.		Cat. mat.	16. XII.	„
903	Katharina L.	L.	54	Cat. brunesc. subluxat.	10. XII.	ohne Iridectomie mit Critschett unter mässigem Corpusprolaps
904	Rosa O.	L.	71	Cat. mat.	12. XII.	glatt
905	Theresia O.	R.	61	Cat. sen. mat.	12. XII.	„
906	Josef H.	R.	58	Cat. fer. mat. tum.	12. XII.	„
907	Maria K.	R.	72	Cat. praes. hypermat.	12. XII.	-
908	Crescenz V.	R.	60	Cat. mat.	13. XII.	„
909	Anna G.	R.	66	Cat. sen. mat.	13. XII.	„
910	Theresia S.	L.	67	} Cat. sen. mat.	13. XII.	„
911	„ „	R.			19. XII.	
912	Babette K.	L.	73	Cat. sen. mat.	14. XII.	„
913	Victoria T.	L.	66	Cat. mat. Myopia excessiva	14. XII.	„
914	Johann S.	R.	76	Cat. mat. tum.	14. XII.	„
915	August D.	R.	49	Cat. praes. mat.	19. XII.	„
916	Michael L.	R.	42	Cat. praes. mat.	31. XII.	mit dem Kern leichter Glaskörper prolaps
	1893.					
917	Walpurga S.	R.	78	Cat. mat. Colob. praep.	4. I.	glatt
918	Atheodat H.	R.	64	Cat. sen. mat.	4. I.	glatt mit Critschett
919	Katharina L.	R.	54	Cat. brunesc. trem. Myopia excessiva	5. I.	glatt
920	Theresia Sch.	L.	68	Cat. sen. mat.	5. I.	„
921	Jakob St.	L.	75	Cat. hypermat.	5. I.	„
922	Josef F.	R.	78	Cat. mat. Conj. cat. chron.	7. I.	
923	Jakob H.	R.			9. I.	Cataract mit Kapselpincette extrahirt, Patella legt sich in die Wunde
924	„ „	L.	29	} Cat. complic. accret. Colobom. arteficial.	24. I.	Cataract mit Kapselpincette extrahirt
925	Josef U.	R.	70	Cat. mat.	11. I.	glatt
926	Josef W.	L.	50	Cat. sen. mat.	12. I.	Patient zwickt stark, Glaskörper prolaps, Critschett
927	Josef H.	R.	60	Cat. accret. Glaucoma sec. fer. absolut.	12. I.	glatt
928	Auguste M.	R.	80	Cat. mat.	13. I.	„
929	Josef St.	L.	56	Cat. mat.	13. I.	„
930	Peter Cl.	L.	70	Cat. mat. dur.	14. I.	„
931	Josefa F.	L.	69	Cat. nucl. fer. mat.	14. I.	„
932	Anna B.	R.	67	Cat. sen. mat.	18. I.	„
933	Anna F.	R.	68	Cat. sen. mat.	19. I.	„
934	Josef Sch.	R.	66	Cat. nucl. mat.	20. I.	„
935	Crescenz M.	L.	63	Cat. mat.	21. I.	„
936	Genoveva H.	L.	68	Cat. mat.	21. I.	„
937	Josef Sch.	R.	71	Cat. sen. fer. mat.	26. I.	„

Zehntes Hundert. 143

Heilungsverlauf	Dauer der Behandlung	Sehschärfe bei der Entlassung	Nachoperation	Endliche Sehschärfe
glatt	27	$5/30$	—	$5/30$
glatt, Nachstaar		$5/50$	—	$5/50$
glatt	43	0	Ablatio retinae totalis	—
„	21	$5/18$	22. II. 93 Discissio	$5/6$
„	19	$5/10$	—	$5/5$
„	16	$5/10$	—	$5/6$
„	21	$5/10$	—	$5/10$
„	16	$5/10$	—	$5/10$
„	21	—	—	$5/24$
„	27	$5/10$	—	$5/6$
„		$5/10$	—	$5/10$
„	18	$5/9$	—	$5/9$
„	18	Finger in 5 m	21. II. Discissio	$5/30$
glatte, leichte Keratitis striata	20	$5/50$	—	$5/10$
glatt	16	$5/10$	—	$5/5$
Wundsprengung, leichte traumatisch-cyclitische Reizung	22	$5/20$	—	$5/20$
glatt	16	$5/20$	—	$5/10$
glatt, leichte Hornhauttrübung	19	$5/20$	—	—
glatt	16	$5/20$	—	$5/20$
„	15	$5/15$	—	$5/15$
trige Infiltration des Hornhautlappens, Panophthalmia	8	0	—	—
glatt, ideales Extractionsresultat	18	$5/50$	homo valde stupidus	—
glatt, leichte. Iriseinheilung	54	Finger in 4 m		Fing i. 4 m
glatt		Finger in 2 m	Glaskörpertrübungen	Fing. i. 2 m
trotz Wundsprengung glatt	24	$5/10$	22. III. Discissio	$5/6$
orticalmassen, starke Quellung und cyclitische Reizung	29	Finger in 2 m	2. X. 93 Discissio	$5/20$
glatt	14	$\frac{1}{\infty}$	Glaucom. absolut.	—
„	15	$5/15$	—	—
„	15	$5/9$	—	$5/5$
glatt trotz starker Delirien	11	—	28. II. Discissio	$5/9$
att, obgleich Patient am 4. Tag geradezu bsüchtig wird und nach Hause (Giesing) entlassen werden muss	5	$5/10$		$5/10$
glatt, verlangsamter Wundschluss	20	$5/6$	—	$5/6$
glatt, leichte Keratitis striata	15	—	—	$5/9$
glatt	20	$5/9$	—	$5/6$
„	17	$5/9$	—	$5/5$
atte, leichte Streifenkeratitis, leichte cyclitische Zerrungsreizung	21	$5/24$	—	$5/12$
glatt	18	$5/20$	—	$5/10$

Nr.	Name		Alter	Zustand des Auges und des Staares	Tag der Operation	Operation
938	Josefa K.	L.	66	Cat. nucl. mat.	28. I.	glatt
939	Franz Josef F.	R.	65	Cat. mat.	30. I.	
940	Rosina M.	R.	51	Cat. immat. in cameram ant. luxat., Colob. praep.	1. II.	glatt in Narkose
941	Crescenz R.	L.	69	Cat. sen. fer. mat.	1. II.	starker Glaskörperprolaps, Critschett mehrmals eingeführt, Bulbus stark collabirt.
942	Jakobine R.	L.	71	Cat. mat.	3. II.	glatt
943	Martin L.	L.	56	Cat. mat.	7. II.	"
944	Franz W.	L.	58	Cat. immat.	8. II.	"
945	Elise R.	L.	50	Cat. nucl. brunesc.	8. II.	glatt in Narkose
946	Elisabeth K.	R.	71	Cat. mat.	9. II.	glatt
947	Maria K.	L.	42	Cat. mat. Colob. praep.	9. II.	"
948	Thomas T.	L.	62	Cat. mat.	10. II.	"
949	Josef G.	R.	53	Cat. tum. mat.	16. II.	"
950	Elise A.	R.	65	Cat. mat.	23. II.	"
951	Fr. Sales Sch.	L.	52	Cat. mat. Colob. praep.	22. II.	"
952	Wolfgang Sch.	L.	73	Cat. mat.	23. II.	"
953	Hermann M.	L.	46	Cat. mat.	23. II.	glatt mit Critschett
954	Gaudenz M.	R.	57	Cat. sen. mat.	23. II.	glatt
955	Andreas B.	R.	55	Cat. mat. Colob. praep. Ablatio retinae	24. II.	"
956	Magdalena W.	R.	68	Cat. mat.	24. II.	"
957	Lucia F.	R.	2½	Cat. congenit.	24. II.	"
958	Maria K.	L.	66	Cat. nigra.	25. II.	"
959	" "	R.			16. III.	"
960	Barbara H.	L.	77	Cat. mat.	25. II.	glatt, Kern in der Kapsel extrahirt
961	Maria P.	L.	74	Cat. mat.	27. II.	glatt
962	Maria G.	R.	70	Cat. sen. mat.	27. II.	"
963	Theresia F.	R.	63	Cat. fer. mat.	27. II.	"
964	" "	L.			4. III.	am Schluss ein Tropfen Glaskörper
965	Ruppert H.	R.	61	Cat. mat.	27. II.	glatt
966	Katharina B.	R.	61	Cat. mat.	28. II.	"
967	Anna Maria H.	R.	53	Cat. mat.	28. II.	"
968	Sebastian P.	R.	72	Cat. mat.	1. III.	"
969	Josef K.	L.	68	Cat. mat. Colob. praep.	2. III.	"
970	Kathi St.	R.	66	Cat. sen. mat.	2. III.	"
971	Michael M.	R.	53	Cat. fer. mat.	2. III.	-
972	Margaretha B.	L.	75	Cat. mat.	3. III.	"
973	Josef S.	L.	66	Cat. mat.	3. III.	"
974	Franz R.	R.	59	Cat. mat. Macul. centr.	3. III.	"
975	Maria St.	R.	59	Cat. mat.	6. III.	"
976	Genoveva G.	R.	66	Cat. mat.	6. III.	"
977	Leni W.	R.	42	Cat. praesen. tum.	6. III.	"
978	Walpurga Sch.	L.	72	Cat. mat. Colob. praep.	7. III.	"

Zehntes Hundert. 145

Heilungsverlauf	Dauer der Behandlung	Sehschärfe bei der Entlassung	Nachoperation	Endliche Sehschärfe
8. Tage Wundsprengung durch Niesen cyclitische Reizung	35	Finger in 5 m	—	$5/9$
glatt	17	$5/10$	—	$5/6$
„	30	Finger in 1 m	Atrophia choroideae	—
osse Glaskörperblase in der Wunde, Hornhautlappen lange Zeit gespreizt, clitische Reizung durch Glaskörperklemmung	59	Fing. in $1/2$ m	—	—
glatt	18	$5/15$	—	$5/10$
„	17	$5/9$	—	—
att, am 11. Tage Apoplexia cerebri	12	—	ins Krankenhaus transferirt	—
schwere Wundsprengung	29	$5/15$	—	$5/10$
glatt	18	—	—	$5/10$
„	16	$5/6$	—	$5/6$
glatt, verlangsamter Wundschluss	16	$5/10$	—	$5/5$
glatt	14	—	—	$5/6$
reizlos, verlangsamter Wundschluss	24	$5/9$	—	—
glatt	18	$5/24$	13. VIII. Discissio	$5/10$
glatt, Corticalreste	18	Finger in 4 m	—	—
Wundsprengung, Streifenkeratitis	19	$5/12$	Glaskörpertrübungen	—
glatt trotz starker Conjunctivitis	19	$5/6$	—	—
glatt	17	$1/\infty$	Ablatio retinae	—
glatt, starke Conjunctivalschwellung	21	$5/9$	—	—
glatt	21	—	Pupille schwarz	—
Corticalreste, cyclitische Reizung	}37	$5/50$	Myopia, Atrophia	$5/30$
Corticalreste, cyclitische Reizung		$5/50$	chorioideae	$5/20$
langsamter Wundschluss, da Patient sehr unruhig	28	$5/30$	—	—
~los, stark verlangsamter Wundschluss	17	$5/6$	1894 März Staus glaucom. Sklerotomie	$5/6$
glatt	17	$5/10$	—	$5/10$
„	}28	$5/10$	—	$5/6$
„		$5/15$	—	$5/10$
„	17	$5/5$	—	$5/5$
„	20	$5/9$	—	$5/6$
„	16	$5/30$	17. IX. Discissio	$5/6$
„	17	$5/30$	—	$5/15$
„	18	$5/15$	—	—
„	14	—	—	$5/9$
„	14	$5/30$	—	—
„	13	$5/20$	—	$5/10$
„	17	$5/24$	—	—
„	17	$5/15$	12. IX. Discissio	$5/10$
„	17	$5/50$	—	$5/10$
„	17	$5/6$	—	$5/6$
„	17	$5/18$	12. IX. Discissio flüchtige Probe	$5/15$
t, Pat. leidet in Folge eines grossen Kropfes an schwerer Dyspnoe	16	$5/36$		—

Zenker, Staaroperationen.

Zehntes Hundert.

Nr.	Name		Alter	Zustand des Auges und des Staares	Tag der Operation	Operation
979	Katharina H.	L.	57	Cat. sen. mat.	8. III.	glatt
980	Karl K.	R.	30	Cat. zonul. Colob. praep.	8. III.	"
981	Anna Maria E.	L.	70	Cat. mat.	10. III.	"
982	Rosine P.	R.	72	Cat. mat.	11. III.	"
983	Bonifacius Z.	R.	43	Cat. mat.	13. III.	"
984	Andreas B.	L.	73	Cat. mat.	13. III.	"
985	Maria K.	R.	50	Cat. mat.	15. III.	"
986	Georg F.	R.	20	Cat. complic. Macul. corn. central.	15. III.	glatt, (Nachhülfe mit Critschett)
987	Rosine S.	L.	53	Cat. mat.	16. III.	glatt
988	Georg B.	R.	70	Cat. mat.	17. III.	"
989	Sylvester A.	R.	48	Cat. praesen. mat.	18. III.	"
990	Max M.	R.	30	Cat. praesen.	20. III.	schon beim Schnitt flüssiges Corpus Critschett
991	Johann N.	L.	66	Cat. mat. Colob. praep.	21. III.	glatt
992	Walpurga Oe.	R.	66	Cat. tum.	22. III.	glatt, Linse tritt in der Kapsel aus
993	Marianne S.	L.	68	Cat. hypermat.	28. III.	leichter Corpusprolaps
994	" "	R.		Cat. tum.	8. IV.	glatt
995	Josef Sp.	L.	72	Cat. sen. mat.	31. III.	"
996	" "	R.		Cat. tum.		"
997	Caspar D.	R.	65	Cat. mat.	31. III.	"
998	Johann B.	L.	65	Cat. sen. mat.	1. IV.	"
999	Katharina G.	R.	72	Cat. mat.	1. IV.	"
1000	Marianne B.	L.	60	Cat. mat.	6. IV.	"

Heilungsverlauf	Dauer der Behandlung	Sehschärfe bei der Entlassung	Nachoperation	Endliche Sehschärfe
stark verlangsamter Wundschluss	38	$5/9$	—	—
glatt	12	$5/12$	—	$5/12$
langsamter Wundschluss, da Pat. sehr nruhig, am 4. Tage Infection, Panophthalmie, Exenteratio bulbi	41	0	—	
glatt	16	$5/10$		$5/10$
„	12	$5/6$		—
„	15	$5/15$	—	—
	17	$5/12$		—
glatt, (leichte Hornhauttrübung)	16	Finger in 2 m	—	—
glatt	16	$5/9$	—	—
glatt trotz starker Sekretion	18	$5/6$	—	$5/6$
glatt	16	$5/15$	—	$5/6$
reizlos, viele Corticalmassen	12	—		
glatt	15	$5/9$	—	—
„	16	$5/6$	—	—
bleichende Cyclitis, Seclusio pupillae	20	—	7. VII. Iridotomie	Fing. i. 1 m
glatt			7. VII. Discissio	$5/10$
latte Heilung, Entropium spasticum	20	$5/12$	—	—
„ „ „ „		$5/15$		
glatt	16	$5/12$	—	$5/6$
„	19	$5/15$	—	—
„	32	—	Juni 93 Discissio	$5/10$
„	18	—	Juni 93 Discissio	$5/10$

Besprechung der Resultate des zehnten Hundert.

In diesem letzten Hundert haben wir 96 gute Erfolge; es wurden entlassen mit $^5/_5$ und $^5/_6$ 27, mit $^5/_9$, $^5/_{10}$ und $^5/_{12}$ 34, mit $^5/_{15}$ und $^5/_{20}$ 14, mit $^5/_{24}$ und $^5/_{30}$ 6 Operirte. Ohne Sehprobe bei gutem Heilresultat wurden 4 entlassen, davon 2 mit Nachstaar. Bei zwei weiteren, bei welchen eine Sehschärfe von $^5/_{50}$ und Fingern in 4 m notirt ist, lag gleichfalls Nachstaar vor, der, soweit er sich nicht spontan verloren hat, durch Discission beseitigt worden wäre. Ferner wurden noch 6 Fälle mit geringerer Sehschärfe (zwischend $^5/_{50}$ und Finger in 1 m. schwankend) entlassen. Die Erklärung dafür fand sich in anderweitigen Complicationen: Angeborner Amblyopie (1 mal), Hornhautflecken (1 mal), Glaskörpertrübungen (2 mal) und Atrophie der Aderhaut (2 mal). In 2 Fällen, in welchen kein Sehresultat erzielt wurde, lag Netzhautablösung, in einem andern abgelaufenes Secundärglaukom vor.

Schlechtes Resultat ergab sich in 2 Fällen; in beiden war bei der Operation Glaskörperprolaps eingetreten. In dem einen derselben war die Quantität des prolabirten Glaskörpers eine nur ganz geringe und störte der Zufall den Verlauf der Operation nicht im Geringsten. Es handelte sich um eine überreife Cataract; der Schnitt war zu klein ausgefallen und musste behufs Entbindung der Cataract sehr starker Druck ausgeübt werden, den die Patella zuletzt doch übelnahm. Im Verlaufe der Wundheilung trat eine chronische Cyclitis mit Hypopyonbildung auf, welche durch Verwachsung der Pupille mit den Corticalresten, die sich noch nachträglich in's Pupillargebiet geschoben hatten, zu complicirtem Nachstaar führte. Eine später vorgenommene Iridotomie erzielte eine schöne breitklaffende spaltförmige Pupille, doch war das Sehvermögen wegen starker Glaskörpertrübungen nur gering (Finger in 1 m). Glücklicherweise war das andere Auge zu gleicher Zeit mit gutem Erfolge operirt worden.

Während in diesem Falle der Glaskörperprolaps nur eine untergeordnete Rolle spielte, ist derselbe im 2. Falle allein

Schuld an dem unbefriedigenden Ausgange gewesen. Auch hier war der Schnitt viel zu klein ausgefallen, die Folge war, dass beim ersten Entbindungsversuch die Patella sprang. Während der Extraction des Staar's mit Critschett, zu welchem Zwecke 3 mal eingegangen werden musste, prolabirte eine grosse Menge Glaskörper, so dass der Bulbus stark collabirte. Derselbe füllte sich allerdings wieder vollkommen. In der Wunde aber wölbte sich lange Zeit eine grosse Glaskörperblase vor, welche den Hornhautlappen abknickte und stark in der Ernährung beeinträchtigte, so dass es als ein Wunder bezeichnet werden muss, dass derselbe sich, als die Glaskörperblase endlich zerfiel, vollkommen erholte und aufhellte. Die in der Wunde eingeklemmten Glaskörperfetzen gaben noch lange Zeit, bis sie vollkommen abgeschliffen waren, zu chronisch-cyclitischer Reizung Anlass. Nachdem die Wundheilung endlich vollendet war, zeigte der Bulbus seine normale Form und Fülle, die Cornea war klar, die Pupille stark nach oben verzogen, aber nicht vollkommen verschlossen, so dass Finger in $1/2$ m gezählt wurden. Zur Iridotomie, von der eine weitere Besserung erhofft werden konnte, hat sich die Frau nicht eingefunden.

2 Augen gingen durch Wundinfection mit nachfolgender Panophthalmie zu Grunde; in dem einen Falle trat die Eiterung bereits am 2. Tage hervor; im zweiten handelte es sich um eine Spätinfection, nachdem sich die Wunde in Folge grosser Unruhe der Patientin in den ersten 4 Tagen nicht geschlossen hatte. Das Auge war während dieser Zeit vollkommen rein gewesen.

Wir möchten hier noch zweier Fälle gedenken, die einen guten Ausgang nahmen, aber doch einiges Interesse verdienen.

Frau P. war 1890 am rechten Auge, am 27. Februar 1892 am linken Auge extrahirt worden. Die Wunde hatte sich an beiden Augen lange Zeit nicht geschlossen, war aber dann unter leichter peripherer Anlöthung der Irisschenkel glatt vernarbt. Die Sehschärfe betrug $^5/_9$ und $^5/_6$. Ein Jahr nach der letzten Operation stellte sich die Frau wieder ein, da beide Augen sich seit kurzem stark getrübt hätten; es zeigte sich leichte rauchige Trübung der Cornea und Drucksteigerung, somit Status glaucomatosus. Ausgehend von der Ansicht, dass eine durch die leichte Iriseinheilung bewirkte Zerrung den Zustand herbeigeführt hätte, wurde beiderseits die Sklerotomie ausgeführt und die Iris an den Anheftungsstellen eingeschnitten. Der Erfolg war ein sehr guter. Die Hornhaut hellte sich vollkommen auf, der Visus war wieder der alte und ist es auch geblieben.

Der 2. Fall betraf eine Frau, welche an immaturer schlotternder Cataract litt, das rechte Auge war in Folge von totaler Atrophie der Chorioidea amaurotisch: Die getrübte Linse war an demselben in den Glaskörper luxirt. — Um ganz sicher zu gehen, wurde die präparatorische Iridectomie vorgenommen. Die Frau sollte schon entlassen werden, als sich zeigte, dass sich die Linse in die vordere Kammer luxirt hatte. Patientin wurde daher zurückbehalten und musste die Nacht über auf dem Gesichte liegen. Die Pupille wurde mit Eserin möglichst verengert und am anderen Morgen in Narkose durch einen kleinen Cornealschnitt mit Critschett die Linse extrahirt. Das Auge heilte glatt. Die Sehschärfe war freilich in Folge der auch hier bestehenden ausgedehnten Zerstörung der Aderhaut gering, aber doch soweit gebessert, dass die Frau nun allein gehen konnte.

Vollkommen ungestörte Heilungen finden wir 73 mal.

Leichtere Reizungen waren: Cyclitis durch Kapseleinheilung (1 mal), durch Corticalreste (3 mal), traumatisch-cyclitische Reizung nach schwerer Wundsprengung (2 mal). Alle mit gutem Ausgang.

Wundsprengung ohne besondere Folgen ausserdem noch 2 mal. Stark verlangsamter Wundschluss 6 mal, ohne dem Auge Schaden zu bringen. Reizlose Iriseinheilung nach Vorfall der Patella in die Wunde fand sich 1 mal. Trübungen der

Cornea in Form der Keratitis striata, sowie als traumatische diffuse Trübung des Parenchyms finden wir 5 mal verzeichnet. Heftige Conjunctivalschwellung, welche auf Aetzwirkung zurückgeführt werden musste, lag 1 mal vor.

Delirien traten 2 mal auf. Davon 1 mal in der Form eines richtigen Tobsuchtsanfalles, so dass die Patientin, da keine Zwangsjacke zur Hand war und die Frau tobte, Mordio schrie, um sich schlug und kratzte, geknebelt und an Händen und Füssen gebunden werden musste. Es war dieser Zustand von Geistesverwirrung umso unbegreiflicher, als man in Vorahnung der Dinge der an's Trinken gewöhnten Patientin von Anfang an reichlich Alkohol gegeben und ihr alle Freiheiten gelassen hatte; sie war schon am 3. Tage nur mehr an einem Auge verbunden und herausgesetzt worden und hatte sich stets nur zufrieden geäussert. Trotz alledem traten in der Nacht vom 3. auf den 4. Tag diese schweren Zustände auf, die erst nach einigen Morphiuminjectionen sich einigermassen beruhigten. Wunderbarerweise hatte das Auge nicht im Mindesten Schaden gelitten und man konnte die Frau nach Hause (nach Giesing entlassen, wo sie sich dann langsam erholte. Die Sehschärfe war $5/10$. Auch im 2. Falle hatten die Delirien für's Auge keine schlimmen Folgen.

Glaskörperprolaps mit Vollendung des Schnittes finden wir 2 mal. Einmal bei einer luxirten Cataract, einmal ganz unerwartet bei einer uncomplicirten präsenilen Cataract. Beide Fälle heilten glatt. In Letzterem blieben viele Corticalreste zurück. Glaskörper nach Eröffnung der Kapsel vor Entbindung des Kernes kam 2 mal vor, das eine Mal bei seniler, das andere Mal bei traumatischer Cataract. Beide Augen beruhigten sich nach Abschleifung der Glaskörperreste vollkommen und erhielten befriedigende Sehschärfe ($5/20$). Einmal kam ein Tropfen Glaskörper am Schluss der Toilette. Das Auge wurde mit $S = 5/10$ entlassen.

Der Critschett trat noch 2 mal in Anwendung: Beide

Augen heilten reizlos. 3 mal gelang es, die Cataract in der Kapsel mit der Kapselpincette zu extrahiren. Schlechte Erfahrungen wurden mit derselben nicht gemacht.

Die Extraction wurde, wo es möglich war, (99 mal) mit der Iridectomie combinirt. Bei der Extraction der nach unten luxirten Linse war die Ausführung derselben nicht möglich.

Ueberblicken wir nun noch einmal die lange Reihe der Operirten und geben uns Rechenschaft über die Erfolge, welche erzielt wurden:

Wir haben guten Erfolg aufzuweisen in 952 Fällen.

Es wurden entlassen mit $S = 5/5$ 68
$$S = 5/6 \quad 192$$
$$S = 5/9 \quad 54$$
$$S = 5/10 \quad 238$$
$$S = 5/12 \quad 35$$
$$S = 5/15 \quad 78$$
$$S = 5/18 \quad 14$$
$$S = 5/20 \quad 53$$
$$S = 5/24 \quad 8$$
$$S = 5/30 \quad 33$$
$$\overline{773} \text{ Operirte.}$$

Es ergiebt das eine Durchschnittssehschärfe von $5/8 - 5/9$ (genau $5/8,7$).

Ohne Sehprobe zum Theil mit Nachstaar wurden entlassen 59.

Gestorben nach guter Heilung sind 3 Patienten, von denen Einer doppelseitig operirt war, also 4 Augen.

Schwere intraoculäre Complicationen, sodass trotz vollem Operations- und Heilerfolg keine Besserung der Sehschärfe erzielt wurde, finden wir in 29 Fällen: Dieselben bestanden in: Ablatio retinae (13 mal), Atrophia nervi optici absoluta (1 mal), Amblyopia congenitalis (1 mal), Glaucom. simplex absolutum (2 mal), Glaucom. secundarium absolutum (2 mal), vollkommene

Trübung und Organisation des Glaskörpers (5 mal), Seclusio et Occlusio pupillae, die auch nach der Extraction fortbestand (5 mal). Mit einer Sehschärfe kleiner als $^5/_{30}$, aber vollem Operationserfolg wurden 87 Patienten entlassen. Die Complicationen bestanden in Glaucom. chronicum (8 mal), Glaucom. secundarium (2 mal), Atrophia nerv. optici (6 mal), Maculae corn. (10 mal), Leukom. adhaerens (4 mal), Amblyopia congenita (7 mal), Opacitates corp. vitr. (11 mal), Synchisis scintillans (1 mal), Atrophia chorioideae (6 mal), Chorioiditis centralis absolut. (2 mal), Chorioiditis myopica (2 mal), Colobom. chorioideae congenitum (1 mal), Retinitis macularis (2 mal), Ablatio retinae partialis (1 mal). 24 mal lag uncomplicirter Nachstaar vor. Die Sehschärfe schwankte zwischen $^5/_{36}$ und Finger in $^1/_2$ m.

Diesen guten Erfolgen stehen 32 Fälle gegenüber, in welchen der Erfolg nur ein mässiger war, zum Theil noch von einer Nachoperation abhängig ist. Mit S = $^5/_{50}$ wurden 11 Operirte entlassen. In einem Fall lagen Glaskörpertrübungen nach Glaskörperprolaps, in einem 2. Glaskörpertrübungen nach Discission des Nachstaar's vor; bei einem 3. war Iriseinheilung und hochgradiger Astigmatismus die Folge des Glaskörpervorfalls gewesen, in einem 4. waren Glaskörpertrübungen nach schwerer Iridocyclitis vorhanden. In 7 Fällen lag complicirter Nachstaar vor: Derselbe war das Product von chronischer Cyclitis theils nach Glaskörpervorfall, theils nach verlangsamtem Wundschluss und dadurch hervorgerufener Kapseleinheilung. In vielen dieser Fälle wäre, wenn sie zur Nachoperation gekommen wären, so gut wie bei ähnlich oder gleich gelagerten Fällen, die zur Nachoperation sich einstellten, oft sogar durch eine einfache Nadeloperation Abhülfe und Besserung zu schaffen gewesen.

S = Finger in 5 m. findet sich 1 mal und war bedingt durch eine bleibende Trübung der centralen Hornhautpartie.

S = Finger in 4 m, findet sich 4 mal: Die Ursache lag 2 mal in Nachstaar nach Glaskörperprolaps, 2 mal in Glaskörpertrübungen, die 1 mal nach Corpusvorfall, 1 mal nach Discission zurückgeblieben waren.

S = Finger in 3 m, finden wir 2 mal. Ursache: complicirter Nachstaar.

S = Finger in 1 m wurde 1 mal bedingt durch Nachstaar nach Glaskörperprolaps; eine Nachoperation hätte natürlich Besserung verschafft; 1 mal lagen Glaskörpertrübungen vor. Es war in Folge von Cyclitis chronica zu Seclusio pupillae gekommen und dann Iridotomie gemacht worden.

S = Finger in $1/2$ m, zeigte ein Fall von geheilter Wundinfection. Hier wäre leicht durch Iridotomie Besserung zu schaffen gewesen. Ob dies in dem 2. Falle möglich gewesen wäre, in welchem starke Verziehung der Pupille nach schwerem Glaskörpervorfall vorlag, muss dahingestellt bleiben, da das Auge nicht mehr zur Beobachtung kam.

In 5 Fällen wurde keine Sehprobe vorgenommen, weil die Reizung bei der Entlassung noch fortbestand; 1 mal lag Iritis, 4 mal chronische Cyclitis vor. In allen diesen Fällen war die Pupille rein und ausser einzelnen Synechieen keine besorgnisserregenden Symptome vorhanden; einmal lag allerdings eine sehr langsam sich aufhellende Trübung der Cornea vor. Bei nachträglich eingezogenen Erkundigungen über einzelne derselben lautete die Antwort günstig.

In 5 weiteren Fällen war es in Folge acuter oder chronischer Iridocyclitis zu vollkommener Seclusio pupillae gekommen. Das Sehvermögen bestand in quantitativer Lichtempfindung. Die Projection war gut. Alle waren Schulfälle für die Iridotomie mit Pince-ciseaux, es ist daher zu hoffen, dass dieselben, wenn sie sich zur nochmaligen Operation verstanden haben, ein einigermassen erträgliches Sehvermögen erhalten haben.

16 Augen sind verloren gegangen.

Und zwar durch Wundinfection nach der Extraction 8, nach Discission 1. Von den 8 Infectionen gleich nach der Extraction sind 2 zweifellos auf Erkrankungen des Auges selbst (Erkrankung der Lider 1 mal und Erkrankung des Thränensackes 1 mal) zurückzuführen. 3 mal trat Spätinfection der Wunde ein. Nur 3 mal muss bei dem Fehlen einer anderen erfindbaren Ursache dieselbe in einer Infection durch die Instrumente gesucht werden.

Durch Iridocyclitis gingen 6 Augen verloren. Dieselbe war nur 3 mal infectiöser Natur, 3 mal war sie durch Complicationen der Operation und der Wundheilung (Glaskörpervorfall, Kapseleinheilung) bedingt. Bei 2 dieser Augen kam es in der Folge zu totaler Hornhauttrübung, bei 3 zu Netzhautablösung, einmal zu Sekundärglaukom. Dieser letztere Fall war ein Spätverlust. Das Auge ging erst nach einigen Monaten Hand in Hand mit einer Allgemeinerkrankung des Patienten an Influenza zu Grunde. Ein Auge wurde nach Glaskörpervorfall durch Vorfall der Chorioidea verloren.

In Procentsätzen ausgedrückt haben wir also:
Gute Erfolge: 952 = 95,2%
Mässige Erfolge: 32 = 3,2%
[Von diesen hängt allerdings bei 5 Fällen, also in 0,5%, der Erfolg von der Nachoperation ab.]
Verluste: 16 = 1,6%
[darunter Verluste durch Eiterung: 9 = 0,9%].

Nebenbei sei bemerkt, dass von den 1000 Operirten 512 weibliche, 488 männliche Individuen waren. Die Operationen betrafen 516 mal das rechte, 484 mal das linke Auge.

Die Narkose wurde 47 mal angewendet; doch soll damit nicht gesagt sein, dass sie nicht noch in einigen weiteren Fällen indicirt gewesen wäre und eine bessere Technik ermöglicht hätte.

Zum Schlusse müssen wir noch einige Worte über die Nachoperationen sagen:

Es wurden im Ganzen 180 Nachoperationen ausgeführt und zwar an 168 Augen, da in 10 Fällen an demselben Auge 2 mal, an einem sogar 3 mal operirt wurde. Es ist das gewiss eine geringe Zahl, indem auf ungefähr 6 Extrahirte eine Discission kommt. Wir betrachten das aber gerade als einen Vorzug der hier vertretenen Methode.

In weitaus der Mehrzahl der Fälle, 139 mal, wurde die einfache typische Discission vorgenommen und zwar Anfangs (14 mal) mit dem Sichelmesser, seit 1890 (125 mal) mit dem feinen Knapp'schen Messerchen. Im Ganzen kann man sagen, dass die Methode zufriedenstellende Resultate giebt. Freilich schneiden die Messer im wahren Sinne des Wortes nur selten, nur wenn ganz feine Falten vorliegen und in solchen Fällen ist die Sehschärfe meist so zufriedenstellend, dass man von einer Nachoperation für's Erste absieht. Wenn man aber die von Knapp angegebenen Regeln befolgt und, bevor man zum Schnitt ausholt, in der dünnsten Stelle des Nachstaar's einsticht und dann erst das Messer zu den festeren Spangen weiterführt, so wird es meist gelingen, eine Lücke herzustellen, die man erweitern kann, indem man durch Seitenschnitte — senkrecht auf die erste Schnittrichtung — die Nachstaartheile einzuschneiden oder wenigstens zu verschieben sucht. Es ist gut zum Zwecke dieser Discission zu atropinisiren, damit man freieren Spielraum hat. Die Möglichkeit, bei ungenügendem Klaffen der gesetzten Lücke dieselbe durch Seitenhiebe zu erweitern, giebt dieser Methode den Vorzug vor der Discission mit Gräfe'schem Messer; dieses schneidet allerdings wirklich und ist daher gut zu verwerthen bei complicirtem Nachstaar und dünneren Pupillarschwarten, wenn eine Zerrung möglichst vermieden werden soll. Vorzüglich eignet sich dazu, das nach dem Muster Noys-Arlt geschliffene, vorn zweischneidige Messer. Wegen des immerhin eintretenden stärkeren Glaskörperprolapses ist aber die Verallgemeinerung dieser Methode für alle Discissionen zu verwerfen. Bei unseren Discissionen wurde sie nur einmal verwendet, nachdem das Knapp'sche Messer uns im Stich gelassen hatte: der Erfolg war ein guter.

Ein für viele Fälle zu verwerthendes Verfahren ist die Discission mit Cystitom. Es wird entsprechend dem Colobom ein kleiner cornealer Lanzenschnitt gemacht, dann das Cystitom in den Nachstaar eingehakt und eine centrale Lücke gerissen. Die Methode bietet den Vortheil, dass man, wenn der Wunsch den Nachstaar zu extrahiren, sich während der Operation geltend machen sollte, auch in der Lage ist, dies zu thun. Die Verletzung des Glaskörpers ist gegenüber allen anderen Verfahren eine sehr geringe. Es wurde in dieser Weise 14 mal discidirt.

Die Extraction des Nachstaars wurde 10 mal ausgeführt. Dieselbe beginnt man nach den hier gemachten Erfahrungen am besten damit, dass man durch einen kleinen Cornealschnitt mit Cystitom eingeht, dasselbe unten an einer dünnen Stelle einhakt und den Nachstaar in die Höhe zieht; sehr oft lässt er sich schon mit dem Cystitom vor die Wunde ziehen. Gelingt dies nicht mit dem Cystitom, so nimmt man das stumpfe Häkchen. Ist die Membran zum Theil vor die Wunde gezogen, so wird sie mit der Coagulumpincette gefasst und vollständig extrahirt oder das verzogene Stück mit Pince-ciseaux abgeschnitten. Gelingt das Vorziehen weder mit Cystitom noch mit Häkchen, so geht man mit Fischer'scher Pincette ein und fasst das gelöste Stück.

In einem Falle wurde, nachdem der Nachstaar der Discission mit Knapp's Messer getrotzt hatte, die Discission nach Bowman mit 2 Nadeln vorgenommen und guter Erfolg erzielt.

Die Durchschneidung eines complicirten Nachstaars mit Wecker'scher Pince-ciseaux (Capsulotomie) wurde 2 mal mit gutem Erfolge geübt. Die Iridotomie mit Pince-ciseaux wurde 10 mal verwerthet. In allen Fällen von complicirtem Nachstaar oder vollkommenem Pupillarverschluss nach Extraction von einfachem uncomplicirtem Staar, also bei sonst gesunder Iris giebt das Verfahren die vorzüglichsten Resultate, indem eine schöne breitklaffende Pupille entsteht. Wie die Sehschärfe ausfällt, hängt nur von der mehr oder minder starken Trübung des Glaskörpers ab. Wenn schwerere Veränderungen der Iris vorliegen, wie bei complicirten Staaren nach Iritis und Iridocyclitis, schliesst sich die Lücke allerdings gern wieder, besonders wenn es zu Blutung in dieselbe gekommen ist. Man muss den Eingriff dann eben später wiederholen.

Die Iridectomie nach Pupillarverschluss fand 3 mal mit gutem Erfolge Verwendung.

Der unangenehmen Zufälle nach Discission haben wir bereits jedesmal bei Besprechung der einzelnen Serien Erwähnung gethan.

Nur in äusserst seltenen Fällen wird die Discission frühzeitig, d. h. am 10. oder 14. Tag nach der Staaroperation gemacht. Meistens werden die Patienten in 6 Wochen zur Sehprobe wieder bestellt und dann, wenn nöthig, die Nachoperation vorgenommen. Das frühe Discidiren hat ja den Vortheil, dass der Nachstaar meist weich und schneidbar ist, aber die Reaction ist doch oft eine sehr unangenehme, und es muss in den meisten Fällen als vorsichtiger gelten, zu warten. Der Patient muss ja doch später noch einmal zur Sehprobe kommen.

Die Discissionen wurden durchgängig bei electrischem Lichte vorgenommen.